华夏生物传奇

艾草先生

——华夏植物传奇

萧春雷／著

海峡出版发行集团
THE STRAITS PUBLISHING & DISTRIBUTING GROUP
鹭江出版社

2022年·厦门

图书在版编目（CIP）数据

艾草先生：华夏植物传奇 / 萧春雷著. -- 厦门：鹭江出版社，2022.4
（华夏生物传奇）
ISBN 978-7-5459-1984-4

Ⅰ. ①艾… Ⅱ. ①萧… Ⅲ. ①植物－中国－普及读物
Ⅳ. ①Q948.52-49

中国版本图书馆CIP数据核字(2022)第037197号

AICAO XIANSHENG
艾草先生
萧春雷 著

出　版：鹭江出版社
地　址：厦门市湖明路22号　　**邮政编码：**361004
发　行：福建新华发行（集团）有限责任公司
印　刷：福州德安彩色印刷有限公司
地　址：福州金山工业区浦上园B区42栋　**电话号码：**0591-28059365
开　本：700mm×980mm　1/16
印　张：8
字　数：90千字
版　次：2022年4月第1版　　2022年4月第1次印刷
书　号：ISBN 978-7-5459-1984-4
定　价：29.80元

序

孙绍振
教育部语文课程标准评审专家
教育部语文培训专家
教育部北师大版初中语文课本主编
福建师范大学教授、博士生导师

我们需要高品质的儿童读本

印象里的萧春雷，不太会和小孩子说话，也不怎么讨好孩子。怎么有一天，他去写作儿童读物了？

他说，为了适合孩子阅读，写作时特意降低了阅读难度。的确，与他的其他文章比，他把直接引语都改成了间接引语，把古文都翻译成了白话，还殷勤地配上了注音和注释，大大减少了儿童读者的阅读障碍。但我注意到，他散文中特有的品质，叙述语言的优雅和思想情感的深邃，并没有随之降低。可见他是信任孩子的智力和理解力的。

我们见到很多儿童读物，完全使用低幼化的语言，低幼化的思维，蹲下身子与孩子说话。这套书很特别，作者没有故作小儿语，而是站着与儿童说话，分享自己的感悟。他告诉我，书中的部分文章曾拿给一些小学四五年级的学生看，他们不但理解，还说很喜欢，他因此有信心继续创作。这也引起我的思考，我们应该怎样与孩子对话？

有意思的是，这套书的第一本《会飞的鱼》连我也读得津津有味。我突然大惊，我是不是返老还童了？书中记述了18种海洋生物，应该属于科普读物。书中也有动物学名、分布范围、生物学特性，但单纯的科学知识是冷冰冰的，很少这么富有情趣。这本书引用了大量的古代神话、传说和文献记载，写的是中国文化里的海洋生物，它们有温度，能够牵动我们的情感，实际上，应该属于科学人文读物。科学和人文是两种不同的东西，有时候简直水火不容，但萧春雷进行了很好的嫁接，让人文有了根基，科学有了人性。

差不多20年前，萧春雷就出版了《文化生灵》《我们住在皮肤里》等著作，是福建著名散文家。我在评论中称他的散文为“智性散文”，虽然他长于历史故实和人文典故，但“他全力以赴的目标是智慧，特别是追求智慧生成的趣味”。读他这套“华夏生物传奇”，我发现我当年的判断仍然有效。

萧春雷说，他想用文字重建“华夏生物圈”，所以出版了《会飞的鱼——华夏海洋生物传奇》之后，这次又出版《猫的诱惑——华夏动物传奇》和《艾草先生——华夏植物传奇》，将来还准备出版一本《华夏食物传奇》。他希望通过讲述最常见的动物、植物、海洋生物和农作物故事，让孩子们明白，古代中国人是如何看待这个世界的，中国古代的文明，包括哲学、文化、艺术和诗歌，诞生于怎样一种环境。

作者志存高远，很好。我想到的却是孔老夫子的教诲。孔夫子劝人读《诗经》，说可以多识鸟兽草木之名。萧春雷的这套书，最大好处也是可以让孩子们多识鸟兽草木，让他们了解到，我们身边的鸟兽草木有这么多的故事、知识和智慧。

萧春雷是好学深思的作家，常常在平常之处，有出人意料的发现。例如他说古人很少吃牛肉，证据是很多食谱都没有牛肉制品，“牛肉成为重要肉食，两次都与游牧民族入主中原有关，一次是北魏，一次是元朝”。那么，为什么梁山好汉总是切牛肉下酒？这是因为《水浒传》是元代作家施耐庵虚构的小说，作者想当然以为，宋朝也像元朝一样大吃牛肉。(《猫的诱惑·以牛为命的民族》)这种新人耳目的小问题、小论点，书中随处可见，饶有情趣。

我长期生活在福州，对榕树很熟悉，但很少去关心榕树最北分布到哪里。他引经据典，从福建古代民谚“榕不过剑”“榕不过浙”，到广东民谚“榕树逾梅岭则不生”，再到江西民谚“榕不过吉”等等，结合个人经验，得出结论：“我们画条线连接浙江台州、福建南平、江西吉安和湖南永州，就勾勒出了我国东部榕树自然分布的北疆。”（《艾草先生·榕阴之下》）他对竹林和大象的地理分布，家兔与野兔的物种差异，也兴致盎然，体现了科学精神和深厚的人文地理素养。

我注意到，尽管是儿童读物，这套书仍然保持了很高的文学品质。萧春雷特有的鞭辟入里的表达能力，出人意料的想象力，独到的个人趣味，与史料天衣无缝的对接化用，让文章有一种特殊的感染力，读起来酣畅淋漓，充满汉语的美感。例如他写螺：“螺创造了自己的线条，我们命名为螺旋、螺纹，以示敬意……螺身上的纹路，仿佛大风刮过，记录了螺旋的速度、方向和力量。犹如陀螺，螺以自己为原点，在高速的螺旋中站立，平衡，创造出自身，像一座塔那样笔直。它为什么旋转？有一条我们看不见的鞭子抽打它吗？”（《会飞的鱼·旋转出来的单身公寓》）这样的才情与智慧，通贯全书，一定来自上帝的赐予。

在儿童读物琳琅满目、泥沙俱下的今天，我们需要刚健、优美，又能体现民族文化的优秀读物。很多人认为，没有什么“雅俗共赏、老少咸宜”的书，这是懒惰和愚钝的借口，实际上很多经典做到了，这套“华夏生物传奇”丛书也做到了。

目录

草

木

【竹】

竹海深处，世界宛如初生，云雾与阳光飘忽不定，唯有竹笋怀抱着巨大的秘密，拔节生长。

篔筜函人

我们身边的植物，大略可以分为草木两大类，竹子让人为难。它和草不同，草称草丛，竹叫竹林，什么草也不如竹子高大；它也不像树，树有年轮，竹却是空心的。汉许慎《说文解字》说："竹：冬生草也。"后人解释道，竹"胎生于冬"，意思是冬天怀胎出笋，笋大成竹。晋代戴凯之把竹单独归为一类："竹不刚不柔，非草非木……是一族之总名。”他认为，植物中有草、木、竹，就像动物中有鱼、鸟、兽一样。

现代植物分类学把竹归入禾本科竹亚科，终结了争论，说竹子是草的人赢了。全世界竹亚科植物约1500种，我国高达750多种，占了半壁江山。我国西南地区是世界竹类的起源中心。

▲居必有竹，日日探视，才是真正的高雅生活。
选自（清）《雍正十二美人图》“倚门观竹”

中国人与竹特别亲密，英国学者李约瑟甚至说，中国是“竹子文明”的国度。苏东坡列举日用竹制品：食者竹笋，居者竹瓦，载者竹筏，炊者竹薪，衣者竹皮，书者竹纸，履者竹鞋，“真可谓不可一日无此君”。我们还应该补充竹简，在纸张发明之前，中国人一直削竹片记事。有趣的是，明代学者宋应星根本不相信竹简，反问道：秦焚书以前，书籍甚多，“削竹能藏几何”？他想不到，几百年后就出土了大量秦汉以前的竹简。

竹子是热带、亚热带植物，性喜温暖湿润，主要生长于我国南方地区，如今的黄河流域并没有天然竹林。那么，北方的竹简来自哪里？据竺可桢先生研究，两三千年前中国的气候比今天温暖，黄河两岸长满了竹林。《诗经·淇奥》描述说，黄河以北的淇河（今河南淇县）“绿竹青青”；司马迁《史记》称陕西关中“渭川千亩竹”。唐代以后气候转冷，竹林才退回秦岭、淮河以南。也就是说，华夏文明的起源的确与竹子有关，中国最早的诗歌、哲学和历史，书写在一片片竹板上。

●**竺可桢**(1890—1974)：浙江绍兴人，中国近代地理学和气象学的奠基者，生前曾任中国科学院院士、浙江大学校长。

戴凯之完成了世界上第一本《竹谱》，记载61种竹品；元李衎(kàn)《竹谱详录》记录了毛竹、筇(qióng)竹、方竹、扁竹、藤竹、苦竹、小娘竹、三角竹等334种，是比较完善的中国竹品志。据统计，我国历代共出现了20多部竹谱，奇怪的是，除了植物竹谱，元明以后一大半是关于墨竹的画谱。原

▶竹有君子之风，是中国人的道德导师，也是中国绘画的永恒主题。选自（元）吴镇《墨竹谱》“轻荫护绿苔”

来，竹子变成了一种重要的审美对象和绘画题材。

与竹子相处久了，人们发现，竹身上的很多特点，例如根基扎实、性耿直、虚心、坚贞不屈、有气节，正是儒家推崇的君子之美德。通过种竹与画竹，潜移默化，文人士大夫接受了竹子的风骨，节操及谦逊、坚韧等品格。墨竹名家郑燮自题《竹石图》说，竹子瘦劲孤高，枝枝傲雪，节节干霄，有如“士君子豪气凌云”，所以他不仅为竹写生，还要为竹写神。竹是中国人的道德导师。

竹子四季常青，通过竹笋繁殖成林，终生只开一次花，结一次果。按《竹谱》的说法，竹60年而易根，成片开花结实，然后枯死。竹花是竹子的绝唱，黄白色；竹实有如稻穗，称竹米，可以食用，传说凤凰非竹米不食。《玉堂闲话》记载，唐代陇西一带大旱，正好山竹开花结子，饥民们采来舂米而食，比糯米

不少南方民族有“竹生人”的传说，认为竹节就是人类最初的子宫。一片竹林让我们觉得亲密，不是没有原因的。

更馨香。北宋诗人周紫芝记录了福建的一场饥荒，很幸运，“今年是处生竹花，竹米登囷（qūn，粮仓）日千斛”，挽救了很多生命。

竹林茂密的南方，很多民族有“竹生人”或“竹王”的传说。《华阳国志》记载，有位女子在溪边浣衣，水面漂来三节大竹，中有小儿啼声，她带回家，破竹得一男儿。这孩子长大后雄霸一方，在云贵高原创建了夜郎国，又称竹王。晋王彪之《闽中赋》称：“筼筜（yún dāng）函人。”筼筜是一种大竹，生长在水边，厦门至今有筼筜湖。函人，容纳了一个人。南朝刘敬叔《异苑》也说，建安郡（今福建）有筼筜竹，“竹节中有人，长尺许，头足皆具”。竹海深处，世界宛如初生，云雾与阳光飘忽不定，唯有竹笋怀抱着巨大的秘密，拔节生长。

我老家就在建安郡故地。每次见到篾匠手持锋利的砍刀，满不在乎地破竹，我都有些担心，暗道：小心啊，不要伤了住在竹节中的小人！

我国竹林的地理分布

我国的天然竹林，主要分布于秦岭、淮河以南的省份，其中福建、江西、浙江、湖南、广东、四川六省面积最大，占全国竹林总面积的四分之三。秦岭、淮河以北地区，气候寒冷干燥，没有大片竹子的自然群落，只有一些小片竹林，且多为人工栽培。黄河可以看成我国竹林自然分布区的北界。黄河以北也能栽培竹子，但干旱季节需要依靠人工灌溉才能成活。

【菊】

“落花无言，人淡如菊。”作为一个人工物种，菊花的身上，流淌着中国人的文化基因。

嫁得西风晚更奇

在河南开封市，我正好赶上了菊花节布展。公园里到处是菊花，成千上万盆堆叠成山、成环，排列出各种图案和标语；不少工人站在脚手架上，装饰着两条数十米长的巨龙，一盆盆鲜艳的菊花递送上去，覆盖骨架，变成金灿灿的龙鳞。好一派热热闹闹、喜气洋洋的场景！我突然怀疑起来，自己是否真的认识这种花。

我熟悉的菊花，是诗人屈原的浪漫情怀，“夕餐秋菊之落英”；是隐士陶渊明的乡野气息，“采菊东篱下，悠然见南山”；是才女李清照的闺中幽怨，“帘卷西风，人比黄花瘦”……与眼前这种队列整齐、大张旗鼓、夹道欢迎的菊山菊海，大不相同。

我国是菊花的故乡，但自然界并没有菊花的野生种。陈俊愉《菊花起源》认为，菊花是一种人工物种，是毛华菊、野菊等多种菊属植物天然杂交的产物，经过上千年的人工选育，最后形成了“栽培杂种复合体”。也就是说，家菊有多个不同的野生菊祖先，基因交融，在人类的手中形成了一个新物种。

▲秋天万物肃杀，唯菊花纷然独荣，成为一年花事的华丽尾声。(明)徐渭《菊竹图》

菊花栽培大约始于东晋，经过历代培育，品种日益丰富：北宋刘蒙《菊谱》记载了

35个品种；明末王象晋《群芳谱》记载了270个品种；20世纪90年代，李鸿渐先生出版《中国菊花》，系统整理了3000个品种。此外，我国的菊花外传日本和欧洲后，在世界各地还选育出了两三万个品种。

秋日到乡间漫步，我们会看到不少朴实的野菊，瘦瘦弱弱，头顶一朵黄色小花，在风中生怯地开放，与植物园里雍容华贵、流光溢彩的家菊大

●**陈俊愉**(1917—2012)：天津人，园林及花卉专家，中国工程院院士，在研究梅、菊等花卉的起源和品种分类上成就卓著。

●**《群芳谱》**：全名《二如亭群芳谱》，30卷，是明代学者王象晋编著的植物学巨著，记载栽培植物400多种。后来，清人在《群芳谱》的基础上扩充，编成《广群芳谱》100卷。

▶陶渊明诗云："采菊东篱下，悠然见南山。"这种与世无争的隐逸生活，让后世文人无比神往。

(清)石涛《悠然见南山》

▶我国的菊花东传后，成为日本皇室的象征。（日）绪方壁虎《美人与菊花》，1898年

相径庭。这就是园艺的力量。在持续1600多年的努力下，人们重塑了一个物种的基因，让它向着人类的目标演化：从最初的黄花，发展为姹紫嫣红，诸色皆备；从最初的秋花，扩展到春夏秋冬，四季开放。菊花的身上，流淌着中国人的文化基因。

菊本作鞠（jū），后写作菊。陆佃《埤雅》说："鞠草有花，至此而穷焉，故谓之鞠。"鞠有穷尽之意。秋天百花凋零，万物肃杀，按魏文帝曹丕的说法，"唯芳菊纷然独荣"，成为一年花事的华丽尾声。唐代诗人元稹说:“不是花中偏爱菊,此花开尽更无花。”描写菊花的很多诗句都非常精彩,宋末诗人郑思肖表扬菊花的气节:“宁可枝头抱香死,何曾吹落北风中。”清代诗人黄体元称赞菊花的清高:“生成傲骨秋方劲,嫁得西风晚更奇。”凌霜斗雪,傲骨铮铮,是人们欣赏菊花的主要原因。

文人爱菊,还来自源远流长的文化传统。屈原称得上始祖,他开创了“餐菊”——食用菊花之风,但屈大夫什么芳草都爱,用情不专,真正的始祖是亲自种菊的陶渊明。萧统《陶靖节传》说,九月九日,陶渊明坐在菊花丛中赏菊,满手把菊,正好有人送来酒,他就在菊花间畅饮,醉而归。六朝时期众多达官贵人,包括魏文帝、梁简文帝都赞

▶17世纪中期,荷兰商人把中国菊花引种到欧洲,发扬光大,培育出许多新品种。
选自(英)爱德华·史特普等《花园和温室最喜欢的花》插图,1897年

美过菊花，但后人只记住了安贫乐道、洁身自好的陶渊明。宋人周敦颐说：“菊，花之隐逸者也。”他认为，菊是花中的隐士，就像陶渊明。

菊花盛开之时，适逢农历九月初九重阳节，这一天也成了菊花的节日。三国名将钟会《菊花赋》就谈到，季秋九月九日，人们置酒华堂，高会娱情，欣赏“芳菊始荣”。南宋吴自牧《梦粱录》记载，重阳节宫廷与贵族皆于此日赏菊，士庶之家，也要买上一两株玩赏。历代文人往往于重阳节聚会，结成“菊社”，赏菊、咏菊和画菊。在中国人眼里，菊花成为淡泊宁静、坚贞高洁的精神象征。唐代诗论家司空图《二十四诗品》描述“典雅”的美学境界，形容说：“落花无言，人淡如菊。”

写到菊花，不得不提一位奇人，唐末农民起义军领袖黄巢。年轻时他参加进士科考试，不幸落第，写了一首霸气十足的菊花诗：“待到秋来九月八，我花开后百花杀。冲天香阵透长安，满城尽带黄金甲。”后来，黄巢果然率领军队攻入长安，满城金甲，宛如菊花怒放。这首诗意气风发，想象瑰奇，为菊花开辟了战地黄花的新境界。

菊花有没有“落英”？

屈原名句“夕餐秋菊之落英”，落英，即飘落的花瓣；但是郑思肖说菊花“枝头抱香死”，花瓣并不飘落。到底哪种说法才对呢？菊花属于头状花序，每朵花都是由许多米粒大的管状花组成花簇，聚集在花序中央（俗称花心）；至于那些大而美丽的外缘舌状花（俗称花瓣），是不会受精发育的单性花。实际上，菊花盛开之后，它们的舌状花瓣并不会散落，而是在枝头慢慢枯萎，直到完全枯干后才掉落。由此观之，屈原的说法有误。

【兰】

南宋学者陈傅良作《盗兰说》，讽刺兰花盗走兰草之名。

香草之名

兰在中国文化中地位极高。很少人想到，秉性高洁的兰花是一桩剽窃案案主；兰花的名气，一半来自欺世盗名。

北宋文学家黄庭坚在《书幽芳亭记》中把兰比为君子，说它们生长于深山幽谷，无人自芳，自古就十分名贵。孔子誉之为“国香”。屈原曾种兰“九畹(wǎn)”，他所说的兰，是“一杆一花，而香有余者”，即我们熟悉的兰科兰属兰花，叶子丛生，细长如带，无枝干，春天会抽出一枝花茎开花，又叫春兰。

南宋理学家朱熹晚年编写《楚辞集注》，认为楚国诗人屈原喜爱的兰其实是兰草，并非兰花，黄庭坚搞错了。他说，古兰是一种香草，花叶俱香，可以切割和佩戴；今兰则花香而叶不香，无枝无茎，不可佩戴，“必非古人所指甚明”。这事引起了一场千年论战。

●《楚辞集注》：南宋理学家朱熹晚年编著。《楚辞》收录屈原、宋玉、贾谊等楚地诗人的诗赋，是我国最早的浪漫主义文学总集，朱熹的集注本简明精当，影响很大。

《楚辞》中“兰”字出现了42次，频率很高，有“绿叶兮素枝”“纫秋兰以为佩”等诗句，可见此兰有枝，秋天开花，还经得起搓捻连缀，以便佩戴在

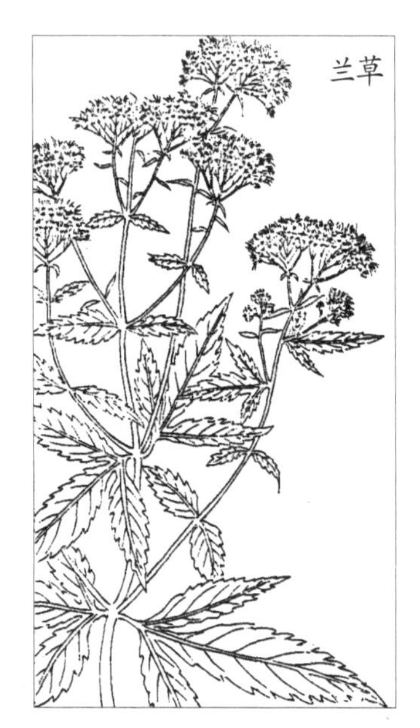

◀兰草与兰花，两种植物差异甚大。选自(清)吴其濬《植物名实图考》

▶大体说来，我国唐以前文献提到的“兰”，都是古兰（菊科兰草）；宋以后的“兰”，多指今兰（兰科兰花）。

▲兰草。
选自（日）河野白礼《草花百种》，1901年

▲兰花。
（明）马守真《兰竹》

身。《诗经》提到三月上巳节郑国男女春游，持兰洗濯身体。显然，先秦时期的兰应该是兰草。南宋学者陈傅良因此作《盗兰说》，讽刺兰花盗走兰草之名。明代学者李时珍也认为，古兰就是兰草或泽兰，并非后世的兰花。

●**上巳节**：我国上古时期的重要节日，主要内容为农历三月三结伴去水边沐浴，祛除邪气，也有踏春、饮宴之意，宋代以后消失。

这场论战延续到现代。1980年，吴应祥先生在《兰花》一书中明确指出，古代的兰是菊科的泽兰、华泽兰，蕙则是菊科的零陵香等。盖棺论定，古兰（兰草）与今兰（兰花）无关。大体说来，唐以前古籍中提到的兰，比如“兰有国香”的兰，屈原佩戴的兰，《兰亭集序》的兰，指的都是菊科的兰草，别称香水兰、孩儿菊、泽兰、佩兰、都梁香等。

兰草是外形朴素、花叶皆香的传统香草，喜生山野水边，在古代民俗节庆中十分重要。《神农本草经》认为兰草有杀蛊毒、辟不祥、通神明的功用。南朝《荆楚岁时记》说："五月五日，谓之浴兰节。"所谓浴兰，就是用兰草煮汤沐浴，洁身辟邪。后人不用兰草沐浴了，浴兰节才改名端午节。

奇怪的是，上古中国人如此重视的一种香草，逐渐被人忽视、遗忘，连名字也被另一种截然不同的观花植物盗用。宋代，人们提起兰，想到的已经是栽培兰花了。就像暴发户盗用贵族的姓氏门第，兰花将古人对于兰草的赞美照单全收，迅速崛起。它的底细甚至瞒过了黄庭坚。现代著名作家周瘦鹃自称"种花人"，喜欢侍弄花草，写到兰花时，他也忍不住引用《楚辞》关于兰草的诗篇——其实二者毫不相干。

所谓兰花有君子风度，孤芳自赏，也是从兰草那里劫来的家当。《琴操》记载孔子从卫国返回鲁国，途经山谷，"见香兰独茂"，喟然长叹说，兰应当是王者香草，没想到沦落于空谷，与众草为伍！《孔子家语》记载孔子语录，又说：兰生于深林，不因为无人而不芳；君子修道立业，不因为穷困而改节。孔子见到的想必是泽兰，因为兰花属

▶传说孔子路遇香兰，感叹兰有"王者香"，却沦落空谷，与众草为伍。他见到的必定是兰草。北方无野生兰花。

于亚热带植物,北方不产。

兰,在中国最伟大的诗人和思想家的热情礼赞下,成为一种著名香草。相对于菊科兰草这种植物而言,“兰”这个伟大而芬芳的名字,是更宝贵的文化资源。当兰草逐渐衰微,兰科兰花迫不及待地盗用了“兰”名,抢夺文化遗产。如今是兰花的全盛时期,但不少其他科属的植物,但凡叶形或花香有半点相似,都企图分享“兰”的光辉,在一旁虎视眈眈,例如百合科的虎尾兰、吊兰,仙人掌科的蟹爪兰,十字花科的紫罗兰,木兰科的广玉兰……什么事情都可能发生,比如一种原产南非的石蒜科植物,竟然自诩“君子兰”!谁知道呢?若干年后,当兰花衰微,源远流长的中国“兰”文化遗产,也许就被一种外来物种——君子兰继承。

人们总是说名字不重要,重要的是内容。事实是,“兰”名永存,变换的是兰草、兰花或君子兰这些领衔主演的物种。此刻,千千万万的爱兰人,正在“兰坛”上供养着炙手可热的新贵兰花;那最早的兰、真正的兰、过气的兰——兰草,仍然待在空山深涧,无人自芳。

世界上最早的兰谱

我国的兰花栽培始于唐宋时期。南宋末年,福建漳州差不多同时出现了两本兰花专著,一是赵时庚的《金漳兰谱》(1233),二是王贵学的《王氏兰谱》(1247),各自记录了数十个“建兰”(原产于福建的兰花)品种及其栽培方法,被誉为专述建兰的双璧。《金漳兰谱》是我国也是世界上最早的兰花专著。兰花深受中国人的喜爱,据统计,截至1949年,我国共出现了45部兰谱。

【艾】

艾草唾手可得，纵有千般好处，也不足惜。中国人也算有情有义，让它们出演一个重大节日的主角，隆重礼遇。

艾草先生

今人不相信世上有包医百病的药物，古人是相信的，这种药物就是艾草。明代医药学家李时珍谈到艾草时盛赞：服用则驱逐一切寒湿，灸疗则治愈百种病邪，“其功亦大矣”！古人深信，上天在人间降下瘟病时，会利用艾草来控制规模。《师旷占》谓：“岁病，则艾草先生也。”每一场流行病，都有事先准备好的解药。这样的天，够体贴人了。

艾草是菊科蒿属草本植物，气味芳香，全国各地都有，路旁、草地、荒野，随手就能采上一大把。以产地论，湖北蕲州(今蕲春县)的艾草最好，叶厚，植株高过人头，称蕲艾。至于采摘时间，则以五月初五(端午节)采艾的习俗最盛。唐韩鄂《四时纂要》说："(端午)日采艾，收之治百病。"

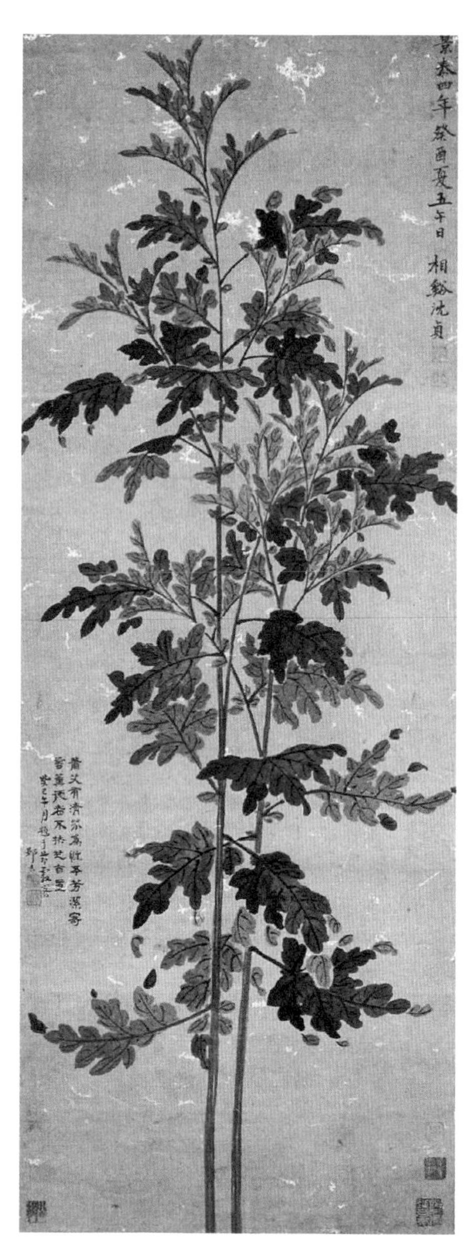

▲艾草又称医草、药草，既可内服，又可艾灸，古人认为能够包治百病。(清)邹喆《墨艾图》

端午采艾宜早起。《荆楚岁时记》提到一个叫宗刚的人，鸡鸣之前出门，看见艾草"似人者"采来，灸疗特别灵验。但艾草怎么看也不像人。所以《东坡志林》说，艾未有真似人者，所谓人形艾草，朦胧间"以意命之而已"。凌晨昏暝的天色，加上恍惚的心神，每株艾草看起来都像一个隐约的人影。万法皆幻，不能太较真。

采回艾叶加工，内服可以治疗疾病，烟熏可以驱除蚊虫，但艾草的最大妙用，却是进行灸疗。《尔雅翼》说，普通的草药治病，各

●《尔雅翼》：南宋学者罗愿的著作，解释《尔雅》草木鸟兽虫鱼各种物名，作为《尔雅》的辅翼，故名。《尔雅》是我国第一部词典。

●《博物志》：晋朝文学家张华的著作，内容包罗万象，集神话、古史、博物、杂说于一炉，对后世影响很大。

有所宜，“唯艾可用灸百疾，故名医草”。我们知道，针法与灸法合称针灸，是中国医学的伟大创造。灸法又称艾灸法，用燃着的艾草条烧灼、熏熨人体穴位，刺激经络，医治各种疾病。这是一种颇为奇幻的发明，在医巫之间，开辟了新天地。

艾灸有一套自己的哲学。新艾力道太猛，易伤人；陈年艾叶最佳，捣磨成柔烂如绵的艾绒，谓之熟艾，火力平稳而久。《孟子》说：“七年之病，求三年之艾。”意思是三年熟艾，才能对付七年宿疾。张华《博物志》认为，三年之艾有灵气，善于变化，焚烧后，津液会下流成铅锡。生怕别人不信，他特地补充说：“已试，有验。”

艾灸主张使用“天火”，也就是取自太阳的火

◀艾草。选自(德)《药用植物》，1887年

种。汉代《淮南万毕术》记载了一种用冰取火的办法:“削冰令圆,举以向日,以艾承其影,则火生。”大意是把冰块削成一个球形透镜,聚焦日光,点燃干燥的艾绒。因为这个原因,艾草又有“冰台”这一别称。事实上,把冰削成完美的球体很难,古人更多使用阳燧——一种金属制成的凹面镜——聚焦太阳光,引燃艾绒。天火是纯阳之气,比燧石敲打出来的“石火”,或钻木摩擦出来的“木火”神通更大。汉《黄帝虾蟆经》指出,灸法以阳燧之火为太上。

端午日正午,是艾灸的吉日良辰。太阳之下,灸疗师利用阳燧、艾绒,引来神圣的天火,手持粗大的艾条,烟熏火燎,澎湃的热力穿透患者的肌肤,直达五脏六腑,天人相通,百病涣然冰释。在古人看来,疾病从来不是单纯的生理问题,必定有疫鬼邪灵在暗中捣乱,一把天火,扫除一切妖魔鬼怪,人体恢复健康。

俗话说清明插柳,端午挂艾。为什么艾草与端午节难分难解?民间传说,五月初五是“恶月恶日”,蛇虫出没,瘴疠盛行,幸好此时各种草药的效力也达到巅峰。作为百草之王,艾草更是大放光芒,除了治病,还擅长祛毒、除秽、赶鬼和辟邪。周处《风土记》说,晋人习惯在端午节这天,“以

▶古人深信,上天在人间降下瘟病时,会利用艾草来控制规模。《师旷占》谓:“岁病,则艾草先生也。”艾草就是每一场流行病的解药。

▶我国的艾灸法东传，风靡朝鲜和日本。
选自(英)JMW Silver著《日本礼仪和习俗草图》,1867年

艾、蒜为人”，插在门上辟邪。把艾草编结成蛇、蝎、蜈蚣等小动物，称艾花，戴在头上也能壮胆，百毒不侵。用艾叶做成艾虎，悬挂在钗头上，晃晃悠悠，是宋代妇女端午节流行的吉祥头饰。

艾草是天下最寻常的野草，唾手可得，纵有千般好处，也不足惜。南齐孔璠《艾赋》感叹说：“艾正而贱，兰妖而珍。”中国人也算有情有义，让它们出演一个重大节日的主角，隆重礼遇。有时，在野外遇见艾草，我会摘下一片叶子，在掌心轻轻揉搓，一股辛烈的青草药香扑鼻而来，新鲜而蓬勃。很难相信，就是这样一种苦涩的野草，让太阳的热力洞穿了我们的皮肤，在四肢百骸间运行。

蕲艾

艾草俗称蕲艾。宋代苏颂《图经本草》说，艾叶在古代不提产地，今“以复(伏)道者(今河南汤阴县)为佳”，并附有“明州(今浙江宁波市)艾叶”图。晚明李时珍《本草纲目》说，明中期以后“则以蕲州者为胜……天下重之，谓之蕲艾”。李时珍就是蕲州人，但这观点不徇私，得到了很多医家的认可。蕲艾植株高大，香气浓郁，灸疗的热穿透率强，一直作为道地药材沿用至今。

【蕨】

蕨粉只能一时救命，吃多了让人腿软，筋力衰竭——对体力劳动者来说相当残酷。

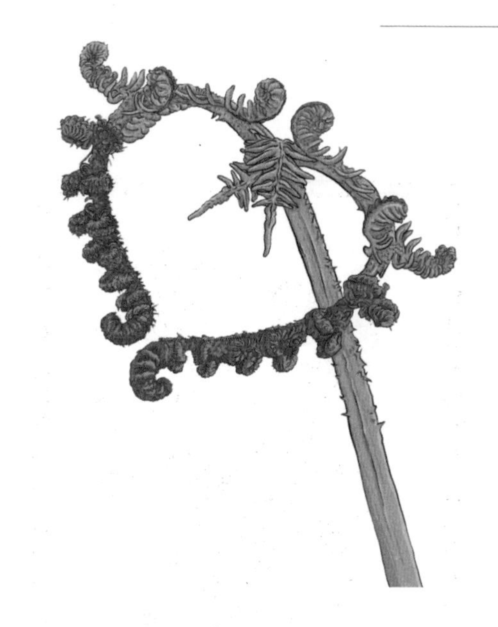

食蕨的代价

清明回老家扫墓，看见山坡上长着一片毛茸茸的蕨菜，就不肯离开，在齐膝高的草丛间采摘起来，准备带回家尝鲜。初生的蕨芽，像婴儿没握紧的拳头，弯曲着，肉嘟嘟的，诗人黄庭坚形容说："蕨芽已作小儿拳。"没想到，这句诗竟招来了吃斋念佛的张阁指斥："此忍人也！"说他心肠狠毒。但这比喻十分生动，有些地方就称蕨菜为拳

▶蕨是古老而优美的植物。蕨芽初生，宛如小儿拳。(荷)朱利·德·格劳格《蕨》，1920年

头菜、龙爪菜。

我小时候生活艰苦，常上山采蕨，当成野菜。烧过荒的山地蕨菜最多最肥，即使被人采过，过几天又会冒出一茬。蕨菜只有嫩芽拳曲时可食，过几天，等它枝叶舒展就老了，不堪食用。冯贽《云仙杂记》称：猿啼之地，蕨菜最多，“每一声遽生万茎”——猿啼一声，万蕨齐刷刷出土应和。这想法很有意思，仿佛蕨类植物是猿的回声。

中国人很早就开始食用蕨菜。2500多年前的《诗经》就有“陟彼南山，言采其蕨”的诗句，描绘妇女们登上南山，三五成群采蕨。晋代名士张翰在京城做官，有心退隐回到老家，对老乡顾荣说：我本来就是山林间人，不指望飞黄腾达，“去矣，采南山蕨，饮三江水也”。采蕨南山，是他的田园生活梦想。

蕨是古老的植物，叶形优美，多生长于比较阴湿的地方，全国各地都有。据统计，《全唐诗》有26处提到采蕨、食蕨，《全宋诗》有160多处提到食蕨，可见这是一种极其常见的野菜。唐人采蕨，很多时候是为了填饱肚子，郑谷诗云：“山蕨止春饥。”但是唐代医药学家认为，蕨菜这东西只能偶尔尝尝鲜，不宜多食。孟诜（shēn）《食疗本草》数落了蕨菜的一大堆缺点，说是久食蕨菜，令人目

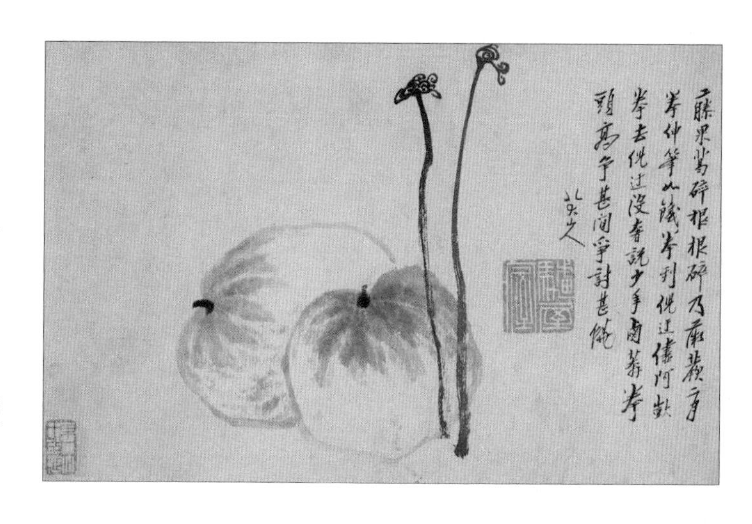

▶唐代医药学家认为，蕨菜这东西只能偶尔尝尝鲜，不宜多食。(清)八大山人《蕨瓜图》

暗、鼻塞、掉头发,“小儿食之,脚弱不能行”。

到了宋代,人们突然发现,蕨根的疗饥效果比蕨芽更好。诗人方回写道:“蕨萁与葛粉,槌捣代糜粥。”意思是蕨(萁)粉与葛粉,完全抵得上米粥。制作蕨粉并非易事,首先要上山挖蕨根,挑回家捣烂,水洗,用纱布过滤渣滓,让根汁沉淀,晒干。蕨粉中含有不少淀粉,加工成粉条或粉皮,口感细腻柔滑,可以当饭吃。

洪迈《容斋随笔》记录了他老家江西鄱阳的灾年情景:村民不分老少,全涌到山上挖蕨根,成年人每天可以挖60斤,捣烂成粉后,大约两斤粉就“可充一夫一日之饥”,很多人靠吃蕨粉活了下来。洪迈是宋代最渊博的学者之一,但他翻遍古书,都没见到古代饥民吃蕨粉的记载,非常惊奇,问道:“岂他邦不产乎?”——难道其他地方不产蕨根吗?

在古代,平民百姓的最大愿望就是丰衣足食,饥荒年头不至于饿死。一种遍地皆有的植物根茎,被发现可以救命,这是何等的大事!明清时期的农书和药典,纷纷将蕨根列为代替粮食的救荒食物。“皇天养民山有蕨,蕨根有粉民争掘。”明代福建政和县令黄裳的《采蕨诗》写道。漫山遍野的蕨根,是上天对老百姓的恩赐啊。

●**《容斋随笔》**:史料笔记著作,南宋洪迈撰,包括《容斋随笔》《容斋续笔》《容斋三笔》《容斋四笔》和《容斋五笔》五集,内容丰富,议论得当,备受学界称道。

古人说猿啼之地，蕨菜最多，仿佛蕨类植物是猿的回声。

蕨叶青青，根系在地下匍匐游走，盘根错节。挖蕨根很费体力，需要连片开掘，犹如垦荒，把整片土地翻转过来，古人形容“山谷为空”。吃蕨粉不是没有代价的，传说只能一时救命，吃多了还是会让人腿软，筋力衰竭——对体力劳动者来说相当残酷。现代著作《广州植物志》说：新鲜蕨根“含多量的绵马素，秋后更多，连续食用，每易中毒”。尽管如此，我们还是要感激蕨根，在饥饿年代拯救了许多生命。

蕨菜或蕨粉，烹煮时一定要多放油料，才会柔滑可口；如果清汤寡水，则滋味生涩，挖人肠胃，饥饿感更强。古代的达官贵人，酒肉珍馐之余，也爱吃野菜换换口味。清代诗人袁枚精于美食，在《随园食单》中写道：用蕨菜不可爱惜，必须去掉枝叶，单取直根，洗净煨烂，“再用鸡肉汤煨”。——这可不是饥民们吃的蕨菜。

●《随园食单》：清代文学家袁枚用简洁的文字，记录了乾隆年间江浙地区的饮食状况与烹饪技术，是一部饮食名著。

石炭纪的巨蕨

蕨类是地球上最早出现的陆生植物，不开花，不结果，依靠孢子繁殖。蕨类植物的全盛时期是3.5亿年前的石炭纪，出现了很多巨蕨，像乔木一样高大粗壮。它们绝灭后深埋地下，形成了煤和石油。如今世界上还有1万多种蕨类，除了幸存的桫椤属于木本外，其他皆为低矮的草本。

【芦苇】

我们这些脆弱易折的生命，终究要在各自的季节枯萎、凋落。谁知道另一个季节什么时候到来呢？

满地芦花和我老

“蒹葭苍苍，白露为霜。”少年时候读《诗经》，这幅画面一直萦回在脑际，无奈闽中芦苇稀疏，霜日甚少，难以体会诗中的意境。后来去北方，在微山湖、苏北滨海、张掖黑河等地，我才看到冬日蒹葭苍苍的雄浑景观。

印象最深的一次在内蒙古额济纳旗，冒着晨霜，我租车赶到东居延海。四周寂静无人，我在冰湖上行走，但见高过人头的一片又一片芦苇，齐膝冻在湖边，宛如凝固的排浪，连向远处的沙漠。太阳升起来了，芦花似雪，苇秆静默着，闪耀金黄色的光泽。一阵风过，芦苇丛轻轻地摇晃，发出飒飒的声响。我丝毫没有萧索、凄凉的感觉，反而被一种雄健、壮丽的美感震撼。春秋代序，草木荣枯，这就是天地运行的大道啊。

蒹葭，是禾本科两种草本植物的合称，蒹即荻草，葭才是芦苇。宋人沈括说："芦苇之类，凡有十数种，名字错乱，人莫能分。"我们也不细分，姑且把芦、荻混为一谈，统称芦苇。芦苇随处可见。一个人可以不认识水稻或小麦，但不知道芦苇，就太奇怪了。顺便说一下，三者都是禾本科的兄弟物种。

芦苇每年新生，取用不竭，用途十分广泛。《南史》说陶弘景少年时"以荻为笔"，在炉灰中练习写字，终成大学问家。苇茎破开，可以编织成苇席，东晋罗含就亲自动手，伐木做床，"编苇为席"。在编结的苇秆上涂泥，可以盖屋顶，隔断房间，只是遮风挡雨的效果欠佳，白居易就抱怨过："芦荻编房卧有风。"芦苇的嫩苗称芦笋，春月掘之，肥白而味美；但灾荒年头，饥民挖芦根果腹，就难以下咽了，所以清代诗人赵翼感叹："命根全恃芦根续。"贫穷人家，常用芦花替代棉花，当然保暖性能很差，著

● **陶弘景：** 字通明，丹阳秣陵(今江苏南京)人，南朝齐梁时期的著名道教学者、医药学家。朝廷每有大事，常派人咨询，人称"山中宰相"。

▲清代淮安画家边寿民对芦苇情有独钟，建苇间书屋，自号苇间居士，善画芦雁，有“边芦雁”之称。
选自（清）边寿民《杂画册》“芦雁”

名的孝子——春秋时期鲁国人闵子骞，受到后娘虐待，就穿过芦花衣。还有芦花被，元代诗人贯云石路过山东梁山泊，“见渔父织芦花絮为被”，觉得太有诗意了，用自己的绸缎被去交换，还写诗赞叹：“西风刮梦秋无际，夜月生香雪满身。”

贯云石用绸缎被换芦花被的雅事，风传大江南北，他很得意，干脆给自己取了个“芦花道人”的别号。幸好他身在豪门，不必依靠芦花被御寒。若干年后，明代作家高濂在《遵生八笺》中鼓吹文人风雅，也提到了采芦花做布被之事，但他补充说：“北方无用，不过取其清耳。”意思是芦花被熬

芦与荻的区别

《诗经》中的“蒹葭”，据后人考订，蒹即荻，葭即芦苇。芦和荻的形态颇为相似，所以人们经常“芦荻”连称，但从植物分类学的角度看，二者是两种不同的植物。芦苇，禾本科芦苇属植物，生长于水边；荻，禾本科芒属植物，生长于水边或山坡。清代植物学家吴其濬《植物名实图考》说：“强脆而心实者为荻，柔纤而中虚者为苇。”大意是，茎秆强脆而实心的是荻，茎秆柔纤而中空的是芦苇。

春秋代序，草木荣枯。哲人说，人就是一根会思考的芦苇。我想，芦苇一旦思考，就会认为自己是一根错误的芦苇……幸好芦苇从不思考。

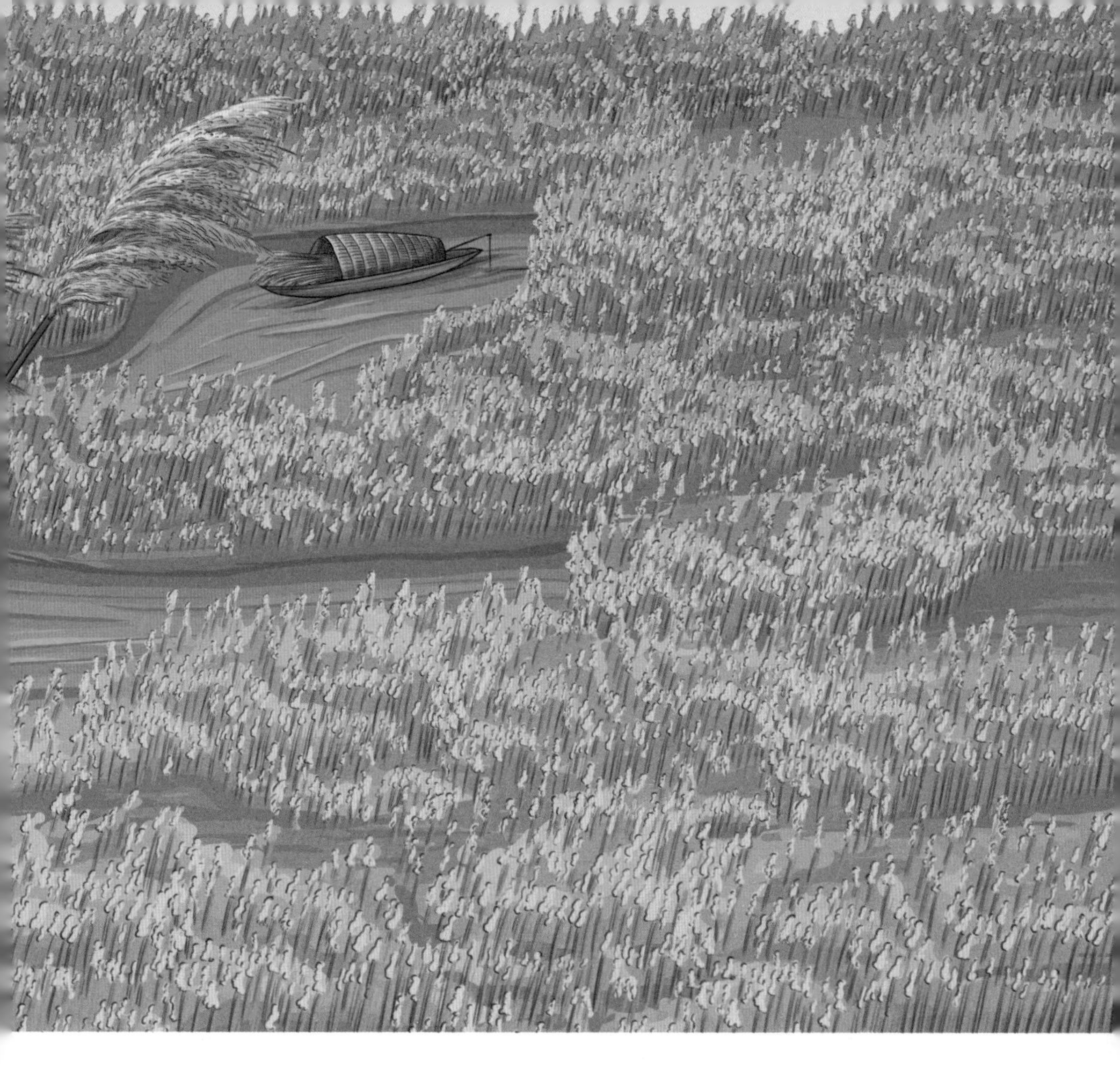

不过北方的冬天，但是很清雅，有品位。

芦苇是水生植物，弥漫于江湖，远离宫廷和官场，象征着与世无争的隐逸生活。五代诗人李中称赞道：“品格清于竹，诗家景最幽。”不少人家在庭院里不但种竹，还种植芦苇，追求江湖之趣。明《燕都游览志》介绍韦中贵的别业，四围都是宽阔的水面，荻花、芦叶、寒雁、秋风，“令人作江乡之想”。江乡，即芦苇遍地的江南水乡。

再普通的生命，也有某种神性。东汉应劭《风俗通义》记载说，上古有神荼、郁垒俩兄弟，在度朔山的桃树下检阅百鬼，但凡发现害人的恶鬼，就“缚以苇索”，用芦苇绳子捆缚，扔去喂虎。这个传说，让芦苇在中国巫术史上占据了一席之地。每逢除夕、元旦，民间都要在门上悬挂苇索，吓唬恶鬼；各种芦苇制品，包括苇杖、苇戟和苇矛，都成了杀鬼的利器。秦简《日书》称，如果女人被恶鬼缠绕，“击以苇”，鬼就一命呜呼。晋代道士葛洪透露一种法术，在山中受到鬼魅的迷惑，找不到出路，投出苇杖，也能杀鬼。

●**神荼、郁垒：**传说中善于捉拿恶鬼的神灵。后人在门户上描绘他们的形象，以驱赶恶鬼，称门神画。这种习俗至今犹存。

在我们眼里，芦苇总是又细又长，弱不禁风。《南夷志》提到泸河两岸“葭苇大如臂”，简直是一棵棵小树。我觉得还是小芦苇好。唐人朱庆余诗“芦叶有声疑露雨”，我喜欢它们的慌乱，一阵微风也会簌簌颤抖；文天祥说“满地芦花和我老”，我也欣赏它们淡泊生死，终老江湖。我们这些脆弱易折的生命，终究要在各自的季节枯萎、凋落。谁知道另一个季节什么时候到来呢？

哲人说，人就是一根会思考的芦苇。我想，芦苇一旦思考，就会认为自己是一根错误的芦苇，世界就乱了。幸好芦苇从不思考。

【甘蔗】

甜是世界上最美妙的滋味。我们把饱含甜味的东西称为糖。自古以来，糖就是极度稀缺的资源。

渐入佳境

厦门乡村，常常可以看到散落在地的石碾盘，圆柱形，外缘凿有石齿、石眼，浑身峥嵘，几个大汉才能抬起。有次我去翔安后埔村采访，才明白它的用途：两个石碾盘竖立在一起，相互咬合，用两头牛牵引，就成为一个无坚不摧的石碾，能把坚硬的甘蔗榨出汁来。它们是古代遍布闽南地区的“糖廍（bù）”（制糖土作坊）留下的遗物。村

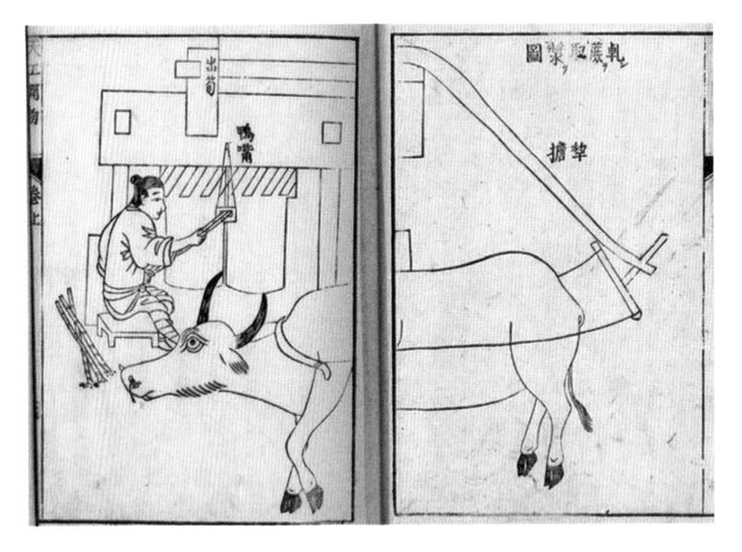

◀传统制糖工艺包括榨蔗、煮糖两个部分。榨蔗，就是使用畜力，带动一个竖碾(木碾或石碾)把甘蔗压榨出汁。
选自(明)宋应星《天工开物》“轧蔗取浆图”

里的老人告诉我，仅仅后埔村，就有上、中、下三个传统糖廍，榨蔗熬糖，一直运行到了1965年。

甜是世界上最美妙的滋味。“甜”字从舌从甘，意为舌头品尝到的甘甜。我们把饱含甜味的东西称为糖。自古以来，糖就是极度稀缺的资源，主要由三种途径获得：一是提取黍、小麦等粮食中的甜味成分，制成饴糖，例如麦芽糖；二是养蜂酿蜜，采集蜜糖；三是种植甘蔗，加工成蔗糖。其中蔗糖最甜，可以进行大规模生产，至今仍然是食用糖的主要来源。

甘蔗属于热带亚热带作物。季羡林先生考证，《楚辞》里的“柘浆”就是“蔗浆”，可见战国时代已经有了甘蔗汁饮料。洪迈《容斋四笔》说：“甘

●**季羡林**(1911—2009)：山东聊城人，国际著名东方学大师，是梵学、佛学和中印文化交流史方面的学术权威，有《糖史》等著作。

蔗只生于南方，北人嗜之，而不可得。”北魏太武帝征彭城，派人到南朝宋孝武帝处求蔗，得“甘蔗百挺”；郭子仪在汾州，唐代宗赐给他甘蔗二十条……史书都正儿八经记下来，足见其珍贵。

新鲜甘蔗容易变质，人们想方设法提取甘蔗的甜味成分，制作成持久保存的蔗糖。东汉杨孚《异物志》说“交趾（今越南北部）所产甘蔗特醇好”，当地人将其压榨取汁，再经过煎熬、晒干，凝结成块，称为“石蜜”。石蜜就是粗糙的块状红糖，在很长时间里，是皇室贵族才能享用的远方贡品。

唐代蔗糖的加工技术有了重大突破。史载唐朝两度派人前往印度学习熬糖法，制造出精细的结晶体砂糖（即红糖），品质甚至超过了原产地。

▶明末清初，荷兰画家约翰·纽霍夫曾经入华，他记录下的制糖画面，前景有农民在砍蔗，后面是一座利用水力榨蔗的作坊。(荷)约翰·纽霍夫《中国人收割甘蔗，水车作坊》，1665年

◀清代台湾的糖廍，前景是两头牛带动竖石碾榨汁，中景是连环锅煮糖，与闽南的糖廍毫无二致，无疑是漳泉移民建造的。选自《台番图说》之八“糖廍”，约1747年

据南宋王灼《糖霜谱》所述，晶莹剔透的“糖霜”（即冰糖），是唐代一位僧人邹和尚在遂州（今四川遂宁）首创的。

把红糖变成白糖的黄泥水脱色技术，相传来自一次意外事故。明何乔远《闽书》记载说，元代福建南安县黄氏在家里煮糖，“宅垣忽坏，压于漏端，色白异常，遂获厚利”，大意是黄土墙突然倒塌，压

●《天工开物》：明代科学家宋应星著，收录了农业和手工业方面，诸如机械、砖瓦、陶瓷、硫黄、烛、纸、兵器、火药、纺织、染色、制盐、采煤、榨油等生产技术，被誉为“中国17世纪的工艺百科全书”。

在红糖的漏斗上，没想到红糖却变得洁白如雪，黄氏因此大获其利。明末宋应星《天工开物》总结了制作白糖的工艺。现代学者多主张，白糖应该发明于明嘉靖年间。

明清两代，福建的制糖业一花独放，达到极盛。尤其是闽南，稻田纷纷改为蔗田，乡间涌现出成千上万个糖廍。糖史学者赵国壮指出：明清时期，“中国制糖技术以福建为源点向外扩散”。通过漳州月港、厦门港，闽南蔗糖不但运销全国，还大量出口日本、吕宋（今菲律宾）、巴达维亚（今印度尼西亚）等地，并通过荷兰、英国的商船，运往印度、中东、美洲和欧洲。蔗糖与茶叶，成为海上丝绸之路最负盛名的大宗中国商品。与此同时，

▶让人惊奇的是，18世纪美洲的糖厂与中国的糖廍差不多，远景是用马力带动竖石碾压榨蔗汁，前景是连环锅煮糖。
选自版画《西印度群岛的制糖业，压榨和熬煮》，1749年

主要是漳泉移民，漂洋过海，在台湾岛和印度尼西亚爪哇岛建立了两个著名的蔗糖产地。那个时代，闽南人为世界创造了最多的甜。糖从古代的奢侈品，变成了今天普通家庭的生活必需品。

甘蔗有两种：一种是果蔗，质地松脆、味甜，当成水果生吃；另一种是糖蔗，皮坚、质硬，不能生吃，专门用于榨糖。20世纪末，随着经济高速发展，闽南蔗糖业全军覆没，行走在乡间，如今只能见到几畦零星的紫皮果蔗。昔日一望无际的糖蔗林、炉火日夜燃烧的糖廍，已经无影无踪。谁还记得这里曾经是世界的“糖都”？

毫无疑问，果蔗是天下最甜的水果之一，愈靠近根部愈甜，这给嚼蔗增加了趣味，俗话说“倒吃甘蔗节节甜”。晋代大画家顾恺之也喜欢从蔗尾吃到蔗根，他的说法是“渐入佳境”。这很像人生，我们就是被想象中的甜头激励着度过一生，总以为下一口滋味更美。但是宋代诗人黄庭坚提醒我们：“百年风吹过，忽成甘蔗滓。”如同甘蔗一样，人生除了转瞬即逝的甜，还留下一地的甘蔗渣。任何甜美的事物都有代价。

蔗糖技术传入东南亚

爪哇岛的早期华人移民多为闽南蔗农。据当地学者研究，1710年，巴达维亚（今印度尼西亚雅加达）的华人不到1万人，就有7000名从事蔗糖业，为爪哇糖业的兴起做出了巨大贡献。《剑桥东南亚史》也记载：“甘蔗虽然最初起源于东南亚，但它在东南亚是一种耐嚼的食糖。直到17世纪，中国的蔗糖精制方法和技术才传入爪哇、暹罗（泰国）、柬埔寨和越南中部的广南地区。”

【松】

不一定要看见岁晚的苍松，让我们在松间轻盈地苍老也是好的。

松间岁月如水

松间是人间的另一面，是世外。松下问童子，言师采药去，其师也许就在这当儿羽化成仙。南朝著名道士陶弘景在山中修真，庭院皆植松树，最爱松风，每闻其响，便于泉石间奏乐，望见者以为仙人。他的指下，想必是一方焦尾古琴。长歌吟松风，曲尽河星稀。松间是高人和仙鹤笑傲俗世的地方，松间是头破血流者隐居疗伤的处所。明月松间照，清泉石上流。普通人觉得这境界太清，太闲，太冷。松间的岁月如水。清代文学家屠隆描述道：“石上壶觞（shāng，酒杯）坐客，松子落我衣裾。”

松树为伴，生活便多了点山石气。苏州玄墓山寺院的门口有棵大松，枝繁叶茂，风水先生说不吉利，劝寺院砍了它。僧人征求前来做客的天全翁的意见。他看看松树，很喜爱，慢吞吞地说：“木在门，成闲字，你们不喜欢吗？”他真是理解松树的人。长干大枝之下，人类的许多忙碌失去了意义，不如花点时间静坐观松。云来聚云色，风度杂风音。一棵松树是自然的一根琴弦。

世上之物，皆以新进少年为贵，唯有苍松巨柏，枝干如铁，老而愈发精彩。“影摇千尺龙蛇动，声撼半天风雨寒。”那森森直上翻腾云霄的气势，让人肃然起敬，寻常草木如何抵达这种境界呢？木秀于林，风必摧之。但死亡也让松树显得壮丽，傲骨铮铮，高入青冥不附林。黄庭坚云：“青松出涧壑，十里闻风声。”再平凡的山川，有了一片桀骜不驯的松林，就唤来疾风迅雷，虎啸龙吟。

松树不需要得天独厚。古人云，松柏之地，其土不肥。可是既生松柏，地力凝聚，就再也没有余力滋生其他草木。所以古人又云：松柏之下，其草

▲松树性缓，需要漫长的时间去成熟，老而弥坚。种松的人对生命充满自信。
（清）石涛《自写种松图小照》

不殖。孔子称赞松树：“岁寒，然后知松柏之后凋也。”挺拔苍翠，凌寒不凋，所以松树被人推崇为百木之长。后世的孟郊大唱反调，作《罪松诗》，指控松树不随季节而荣枯，违背天时，“松乃不臣木，青青独何为”？这就是诗人的无知了。松树不臣，因为它自己就是君王啊。

房前屋后种下一两株松树，引来几许清风，半轮山月。诗人说：“自种双松费几钱，顿令院落似秋天。”枕上听风，窗间读影，小院也藏晴雨，牵扯出一派空山晓烟。唐人钟幅自筑山斋，手植一松，当晚梦见红衣人告诉他：“松围三尺，子当及第。”谁说一圈圈年轮冷漠无情?其中织入了不知多少人的命运。三十多年后，钟幅登第，使人量之，松围果然三尺。种下一株松苗，松树就成为你的编年史，只是我们难以读懂这样一本深奥的大书。

明代藏书家孙齐之爱松，著有《松韵堂集》。他在宅院里种松，树长大了，院子却要换主人了，他死活不肯把松树列入卖契，在邻居那里租了间房，开个窗子，时时自携酒茗，闲坐窥松。见到松树有了枯枝黄叶，他就敲门而入，亲自护理打扫，朋友笑他“卖宅留松树”。也许他真能读懂松树的心思，不然，日日挂念什么?

饼杂松黄二月天，盘敲松子早霜寒。松间的生活是浓浓的松意。松花黄色，故称松黄。《山居

◀再平凡的山川，有了一片桀骜不驯的松林，就唤来疾风迅雷，虎啸龙吟。(明)沈周《四松图》

▲松树凌寒不凋，傲骨铮铮，被人们推崇为百木之长。连皇帝也提倡松树精神。
（明）明宣宗朱瞻基《万年松图》（局部）

杂志》云：二三月，松树发花，以杖叩其枝，则纷纷坠落，张开衣襟盛之，调以蜜，可作松花饼。松花也能酿酒，岑参诗："五粒松花酒，双溪道士家。"还有松叶酒，庾信便喝过，"方欣松叶酒，自和游仙吟"。松脂又称松肪，用于照明，陆游诗："一碗松肪读隐书。"他的书卷飘溢出醉人的松香。还有人自烧松烟制墨，诗赋小简之间，处处留下古拙的松纹。李时珍说"千年之松，下有茯苓"，久服安魂养神，松间人也能分享松的生命。

与松树的岁月相比，人类是徘徊于松间的偶然过客。年过四十，白居易在院子里种松，"小松未盈尺，心爱手自移"。他欣赏松的凌云姿态，更喜爱它的晚节之美。可是它性缓，需要漫长的时间去成熟，日月追人而来，他担心自己见不到松树成阴："栽种我年晚，长成君性迟。如何过四十，

▶樟子松的松花、松果和松子。(德)奥托·威廉·汤姆,1903年

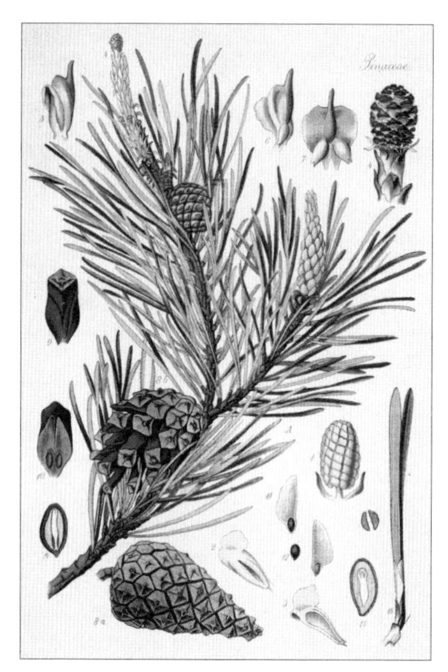

种此数寸枝?得见成阴否?人生七十稀。”其实,不一定要看见岁晚的苍松,让我们在松间轻盈地苍老也是好的。

南方松子不可食

原产中国的松树有20多种,如东北的红松、华北的油松、西部的华山松、南方的马尾松。你可能会觉得奇怪,为什么南方的马尾松不产松子?这是因为松树有两种传播种子(松子)的方式:红松和华山松主要依靠松鼠和鸟类传播种子,松子大而饱满,口感较好,但凡动物能吃的,多半人类也能吃;马尾松和油松的种子主要借助风力传播,松子细小,还带有飞行的薄翅,口感苦涩,不适合食用。

【柏】

最有名的古柏林在陕西黄帝陵,其中一株“黄帝手植柏”,意味着树龄5000多岁,与华夏文明同时起步。

高寿的风度

苍松古柏,都是以高寿著称的树种。它们像化石,把衰老酝酿成一种耐人寻味的智者风度。每次去福建长汀,我都要去旧汀州试院看看那两株古柏,像是拜访故人。这是两株并肩而立的侧柏,树干粗壮而直,枝叶苍翠浓密,在空中相互触摸;猜想过去,在地下,它们的根系一定也是抵死缠绵。看着它们,我的心就安定下来。

清代学者纪昀来汀州视察科举，曾经见过这对古柏，在《阅微草堂笔记》中记录说：“福建汀州试院，堂前二古柏，唐物也，云有神。”老吏要他拜树神，他认为自己是朝廷命官，不拜木魅，当晚他就见到树梢上站着两个红衣人，向他拱手作揖，冉冉消失。第二天他赶紧回拜古柏，还留下了一副对联：“参天黛色常如此，点首朱衣或是君。”点首朱衣，是古代主管考试的神灵。专家称，这对古柏植于唐代汀州筑城时，已有1200多年的历史。树老成精，难免有些神神怪怪的传说。

侧柏，又名柏树、扁柏、香柏，属于柏科，主产于中国北部。福建开发的历史较短，千年唐柏就足以傲视八闽。在北方，两千年的“汉柏”才能让人眼前一亮。山东泰山关帝庙后的古柏，相传是汉武帝封禅泰山时种下的；山西介休市有“秦柏”，太原晋祠还

▲乾隆皇帝（弘历）巡幸河南嵩阳书院，特别喜爱其中被称为“二将军”的汉代古柏，为之绘像。这株古柏至今犹存。乾隆皇帝的画作常由宫廷画师先勾勒底稿，或最后美化，他再题写、钤盖自己的款印。

（清）爱新觉罗·弘历《嵩阳汉柏图》，1750年

● **纪昀**（1724-1805）：字晓岚，河北沧县人，清代大臣，著名学者，曾任《四库全书》总纂官，著有笔记小说《阅微草堂笔记》等。

有更早的“周柏”；中国最有名的古柏林在陕西黄帝陵，其中居然有一株“黄帝手植柏”，意味着树龄5000多岁，与华夏文明同时起步。不过，树龄像女人的年龄，不可较真。《洞冥记》说磅山之北有古柏，“已见扶桑三枯，海水涸竭”，熬到了海枯石烂。

成都诸葛亮祠堂前的古柏，叶子甘香，常被人采去做药。道教迷信柏叶，说是用来泡茶浸酒，能养生辟邪。东晋葛洪《抱朴子》称，秦朝有位宫女躲入终南山，以柏叶为食，活了两百多岁，浑身长毛，越涧如飞，汉成帝时才被猎人抓获。柏的果实也是神仙家的宝贝，传说上古的赤松子好食柏

▶梵高笔下的柏树，仿佛大地上的火把，把天空搅扰得动荡不安。

（荷）文森特·梵高《麦田与柏树》，1889年

子，齿落更生，行如奔马。道教《仙经》又云："服柏子，人长年。"柏树高寿的秘密，似乎就藏在柏叶与柏子之中。

侧柏雄雌同株，但好几种文献记载了"阴阳柏"。宋南渡时，高丽进贡两株阴阳柏，种于昆山永怀寺，高与殿齐，每年左花则右实，右花则左实。明人谈迁《枣林杂俎》说，海盐崔孝廉家也有两株阴阳柏，不过是固定分工，左柏只顾开花，右柏负责结果。他特地赶去看，还真有那么回事。

柏树多种植于坟墓和祠庙，人家庭院较少种植。汉刘向《五经通义》说："诸侯冢树柏。"《汉书》："柏者，鬼之廷也。"所以晋人张湛在自家房前大种松柏，就被时人嘲笑"屋下陈尸"。万木皆向阳而生，南枝茂密，唯独柏树枝叶均向西，因此又被人称为阴木。明魏校《六书精蕴》曰："柏，阴木也。木皆属阳，而柏向阴、指西。"柏树偏爱西方，在宋代已经是常识。陆佃道："柏之指西，犹针之指南也。"寇宗奭(shì)报告说，他在陕西做官时，登高望柏，千万株都偏向西边。人们相信，柏树穿透阴阳两界，在阴间也有相当大的影响力。

古人对坟柏非常重视。北齐樊卫的父亲去世，植柏数十亩；汉末苏林《陈留耆旧传》记载，李充父亲墓园中的柏树被人盗伐，李充毫不客气，

陵园为什么种柏树

侧柏原产于我国，是常见观赏树种，也是北京市的市树之一。因为寿命很长、体有芳香、高大挺拔、四季常青，侧柏在古代常被种植于祠庙和陵园中，如黄帝陵、曲阜孔林、苏州司徒庙的古柏。《礼记》说："天子坟高三仞，树以松；诸侯半之，树以柏……庶人无坟，树以杨柳。"我们今天的公墓、烈士陵园，仍然把侧柏当成主要树种，纪念死者精神不朽、万古长青，同时又显得庄严肃穆。

柏树犹如化石，把衰老酝酿为一种耐人寻味的智者风度。

“手刃之”。唐朝权善才将军伐昭陵的柏树，唐高宗要砍他脑袋，幸好狄仁杰劝阻：“今陛下以昭陵一株柏，杀一将军，千载之后，谓陛下为苛。”权将军这才死里逃生。相反的例子是，北魏的魏兰根不但砍光了董卓祠堂的柏树，还用这些柏木给母亲做棺材。董卓是大恶人，活该。魏兰根还受到史家的表扬。

柏木是做棺材的上好材料。明冯梦龙《古今谭概》记载了一则趣事：清官董三泉去四川赴任前，儿子们请求说：“蜀中多美材，大人年高，也要为百岁后考虑。”他退休回家时，孩子们问这事办得怎样。董三泉微笑道：“我听说棺木材料，杉不如柏。我带了些柏子回来，种下地就行了。”这老人真有意思，他还准备和柏树比赛年寿呢。

●**冯梦龙**：字犹龙，江苏苏州人，明代文学家，著述众多，所辑话本《喻世明言》《警世通言》《醒世恒言》（合称“三言”），为我国古代白话短篇小说的代表。

山都木客消失了，不知现代的福建人，是否继承了这个种族巢居的记忆？

巨杉时代的“山都”

杉树是我最熟悉的树木。我老家福建泰宁县，位于武夷山脉的支脉大杉岭之南，雅称杉阳。大杉岭盛产巨杉，清《闽产录异》称：“其木大至数围，高十余丈，远望浓郁，株株相同。”但这只是一幅遗像。我转遍了大杉岭的山头，遇到的都是年轻的杉林，株株相同，很少“大至数围”了。

汉以前的古籍很少谈到杉树，这是因为北方

无杉。杉科杉木属是东亚特有的亚热带植物，其现代分布中心，主要在我国长江以南地区和越南北部，其中武夷山脉、南岭和苗岭一线为核心区。

▲北方无杉。我国长江以南地区和越南北部，是杉木属植物的现代分布中心。
选自（明）董其昌《杉木依翠》

晋代刘欣期《交州记》记载了合浦东的一株巨杉，叶落随风，飘到了数千里外的洛阳城内。有相士大惊，称这是出王者的征候。朝廷派出千人的队伍，终于伐倒了大树，“三百人坐断株上食”，还绰绰有余。吴均诗：“三秋合浦叶，九月洞庭枝。”薛道衡诗：“杉叶朝飞向京洛。”用的就是这个典故。

唐宋时期，闽赣交界的武夷山区巨杉如林，多山都木客。宋王象之《舆地纪胜》说，唐代汀州（今福建长汀县）建城之初，砍大杉千余株，“其树皆山都所居”。所谓山都，是类似精灵的一种小人，住在高大的杉树上，会说话，善于变化隐形，男女自相婚配。木客也是一种山精，擅长砍树，用木头与人类交换刀斧。南朝顾野王《舆地志》说：“虔州（今江西赣州市）上洛山多木客，乃鬼类也，形似人，语亦如人。”木客会酿酒，能吟诗，《全唐诗》收入了木客的一首诗：“酒尽君莫沽，壶倾我当发。城市多嚣尘，还山弄明月。”大诗人苏东坡路过赣州时，称赞说：“山中木客解吟诗。”

山都木客的传说，引起了人类学家的关注。厦门大学郭志超教授认为，山都与木客是同一种族，住在干栏式建筑（巢居）里，应该是古越人的后裔。随着巨杉时代的终结，山都木客消失

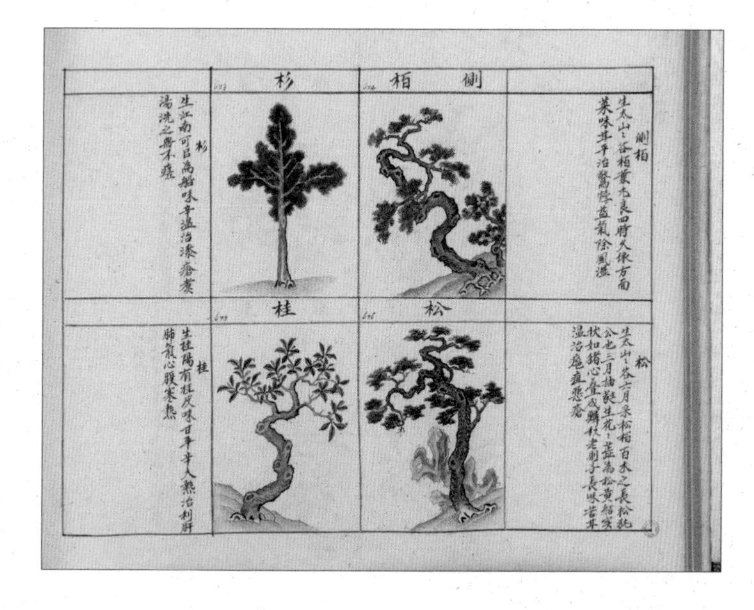

▶与松、柏、桂相比，杉木树干笔直，亭亭玉立，是用途最为广泛的木材。
选自《中国药用本草绘本》，18世纪

唐宋时期，武夷山脉巨杉如林，树上生活着奇异的“山都”“木客”。他们是山中的小精灵，自相婚配，有自己的语言和文化，能吟诗……

◀北美巨杉是世界上最高大的乔木之一，高达100米，胸径可达10米。如今古树十分稀少，已成为濒危物种。

(美)托马斯·S·辛克莱《巨杉“森林之美”》，1857年

了，不知现代的福建人，是否继承了这个种族巢居的记忆？

人们常用松树来比较杉树：二者都是针叶树，经冬不凋，但松叶细圆如针，杉叶扁长如剑；

●**江淹**：南朝著名文学家，六岁能诗，才惊天下，历仕宋、齐、梁三朝，著有《别赋》《恨赋》等名作。晚年才思衰退，时人称“江郎才尽”。

二者都是高大乔木，但松树枝干虬曲，苍劲豪迈，杉树躯干笔直，亭亭玉立；如果说苍松是大义凛然的壮士，翠杉就是坚贞不屈的烈女。南朝作家江淹贬官福建，作《闽中草木颂十五首》，盛赞杉树云：“独秀青崖，群木敛望，杂草不窥，长入烟气。”道尽了杉树独立不阿、端庄正直、上冲云霄的精神。唐代诗人骆宾王咏古杉：“贞心欺晚桂，劲节掩寒松。”认为其贞洁和操守，不亚于松桂。

宋人罗愿说：“杉以材称。”杉树向来以材质优良著称。杉木纹理顺直，耐腐防虫，便于加工，最适合制作各种器物。南宋戴侗《六书故》说：“杉木直干……可为栋梁、棺椁、器用，才美诸木之最。”长沙马王堆汉墓用的就是杉木棺椁；闽西北的房屋、风雨桥，闽东南的航海大船，都是杉木打造的；在广西、贵州的侗族村寨里，人们用大杉建造高耸的鼓楼，模仿杉树的尖塔式造型。

杉树用途太广，早早就被人伐倒，难以尽享天年，所以世上古杉罕见。宋代僧人大超在庐山南麓手植万杉，宋仁宗颇为感动，赐名“万杉寺”表彰，一众诗人前去捧场。不知什么时候起，变成了一个空名，清末诗人易顺鼎写道：“万杉化去无一杉，唯有寺前老樟在。”也不必感伤。因为经济价值极高，杉树借助人类之手，开疆辟土，早已成为我国植树造林面积最大的树种。福建人自嘲，山上只种两棵树，一棵是杉木，一棵是马尾松。

杉树生长迅速，20年左右就能成材，恰好一代人的光阴。明《八闽通志》说，闽人有生女儿种杉的习俗，“土人生女，课种百株”，等到女孩结婚时，出售杉林，正好置办嫁妆，所以称“女儿杉”。黔东南地区的苗族和侗族流行种“十八杉”，民谣唱道：“十八杉，十八杉，姑娘生下就栽它，姑娘长到十八岁，跟随姑娘到婆家。”谁说草木无情？每一片杉木林，都与一位花季少女共同成长，寄托了她的婚姻和幸福。

我国的杉木人工林

杉木是我国最重要的乡土用材树种，生长于南方19个省区，引种栽培于美洲、欧洲、东南亚、非洲、大洋洲的十余个国家。第九次全国森林资源清查表明，我国种植面积最大的树种前五名，依次为杉木、杨树、桉树、落叶松和马尾松。其中杉木人工林面积1.48亿亩，蓄积量7.55亿立方米，分别占全国人工乔木林总面积、总蓄积量的1/4和1/3，均排名第一。

【榕】

我们画条线连接浙江台州、福建南平、江西吉安和湖南永州，就勾勒出了我国东部榕树自然分布的北疆。

榕阴之下

民谚说："榕不过剑。"剑，指南剑州，今南平市，意思是榕树在闽北不过南平。的确，更北一点儿的泰宁县无榕，我从小就没见过这种树。屈大均《广东新语》说榕树畏寒，"逾梅岭则不生"，过了粤北韶关的梅岭就无法生长。有一年我沿着古驿道翻越梅岭，进入江西赣州，意外地看到许多枝繁叶茂的大榕树，赣州人为之自豪，把榕树选为市树；另外，比韶关更北的湖南郴州与永州，也长了不少大榕树。这回屈大均错了。

江西也有一句民谚："榕不过吉。"认为吉安市才是榕树的北界。再北，按梁绍壬《两般秋雨庵随笔》的有趣说法，"榕树过赣州，即化为樟"。江西盛产樟树，所以古称豫章（樟）。我一直想不通这句话。樟树高大挺拔，怎么看也不像榕树的前身或后世。

明末清初的金门作家卢若腾写了本《岛居随录》，搜集了很多奇谈，其中还有一句关于福建榕树的："闽中榕树自南生，自省会而止，故省会号榕城。谚曰：榕不过浙。"我在文章中引用了这句话，浙江的一位读者告诉我，浙南的温州、丽水市都有

◀榕树是热带植物，东南亚、南亚地区的榕树特别高大，树冠宛如天穹，为人们抵挡灼热的阳光。

选自（英）蒙哥马利·马丁《印度帝国》，1858年

▶因为树冠高大宽阔，榕树需要发达的板状根来支撑体重。
选自(澳)威廉·罗伯特·吉尔福伊尔《澳大利亚植物学教科书》,1884年

榕树，台州玉环还把榕树当行道树，但台州黄岩区的榕树，就要搭棚子或裹尼龙布保暖才能过冬。对于浙江省来说，应该有一句“榕不过台”的民谚。

我们通常把桑科榕属植物称为榕树，全世界有1000多种，我国约有100种。它们原产于热

独木成林的榕树，像一个小小的宇宙，有自己的天空和鸟群，绿叶婆娑，日影迟迟。不少榕树活过了一千年，比最强大的王朝还持久。

●**气生根**：指由植物茎上发生的，生长在地面以上的、暴露在空气中的不定根。榕树的气生根俗称榕须。

带、亚热带，喜欢炎热湿润的气候，主要分布于我国北纬28度以南的地区。如果我们画条线连接浙江台州、福建南平、江西吉安和湖南永州，就勾勒出了我国东部榕树自然分布的北疆。偶尔也有例外，在这条线以北的重庆，我就见到了不少大叶榕，气生根很少，当地人称之为黄桷(jué)树。

◀被榕树攀附生长的一棵高大的棕榈树，最后，因为阳光、空气和土壤养分被抢夺，很可能会被榕树绞杀而死。
(英)福布斯·詹姆斯，1812年

榕树是庄子讲的“不材”之木，没什么用处。它们枝干卷曲，不能充栋梁；斜理中空，不堪制作器物；连烧柴都嫌烟多、焰小，所以得享天年。南宋薛季宣说：“闽中之木，榕为大。”闽南地区的百年古树，倒有一大半是榕树。古榕像是饱经沧桑的老人，地面凸起发达的板根，筋脉毕露；空中垂下数不尽的气生根，须髯飘拂；不少气生根一头扎进地里，以枝为根，又以根为枝，独木成林，一些人因此称榕树为倒生树。榕树树冠宽阔，形成广大的榕阴，让人们避暑歇凉。清初，周亮工来到福建任职，便写道："余每见老榕树，爱其婆娑，辄徘徊不能去。"

榕树以福州为都，并非因为福州的榕树最多或最大，而是因为榕树深深嵌入了这座城市的历史和文化。北宋郡守张伯玉在福州的大道边种植榕树，绿阴满城，行人不用张伞；接着程师孟、黄裳等郡守继续大种榕树，形成了"荔子家家种，榕阴处处遮"的城市风貌。我在福州读了几年书，觉得这座城市拥挤、喧闹，夏天又太热，幸好无数株榕树散落在大街小巷，洒下片片阴凉，让人神清气爽。古榕下，常有老人粲在一起打牌、下棋，或者一班人吹拉弹唱，咿咿呀呀，演奏闽剧的曲目。日影迟迟，榕树为古城撑起了一片枝叶婆娑的天空。

榕树是隐头花序，无花，或者说花朵朝内开放，你想象一下把向日葵翻转成一枚球果，花朵聚合在内壁的情形。每种榕树都吸引了一种榕小蜂为它授粉，结出种子细小的"无花果"。实际上，大名鼎鼎的无花果也是榕属植物。鸟类爱吃榕果，经常将种子遗弃到其他树枝、屋顶、墙壁或石桥上。但凡有点土，下场雨，这些"鸟榕"就会长出青枝绿叶，向下伸出庞大的根系寻找大地。榕树生长迅速，绵密而强壮的根系往往绞杀攀附的植

●**绞杀**：一种植物的幼苗附生于"支柱植物"上，利用气生根抢夺阳光和土壤养分，将"支柱植物"缠绕致死，称之为绞杀现象。榕树是最常见的一种绞杀植物。

物，甚至吞噬脚下的建筑，形成壮观的“树包塔”“树包屋”景观。

树比人类在大地扎下的根更深。东南亚热带地区的巨榕，一棵树就是一片森林，树冠宛如天穹，足以覆盖一座城镇。福州森林公园的“榕树王”，围径十米，像巨伞一样张开，据说种植于千年前的北宋。当它在空中悠悠伸展枝条的时候，好几个伟大王朝的天空滑过树冠，升起又落下了。我想，一种文明活得过几株榕树呢。

榕树与榕小蜂

榕小蜂是专门为榕属植物传播花粉的一种昆虫，只有2~5毫米大小，很不起眼。榕树的花朵很特别，被包裹在球状体内部，无法依靠风力或普通蜜蜂授粉，只有体型微小的榕小蜂能够带着花粉钻进花房内部，在里面繁殖产卵，同时也帮助了榕树传宗接代。也就是说，榕树与榕小蜂之间存在着共生关系，协同演化。全世界1000多种榕树，几乎每一种榕树都有一种专门的榕小蜂为之传粉。

【桑】

只有养蚕的民族，才会把桑树抬举到如此重要的地位，成为太阳的家园。

太阳的家园

桑树是落叶乔木，枝叶茂盛，树冠如伞，果实谓之桑葚，亚洲、大洋洲、南美洲和非洲，到处都有野生桑。每种植物都寄生着一些昆虫，如松树有松毛虫，槐树有槐尺蠖（huò），桑树上有种叫蚕的虫子，乳白色，终生啃食桑叶，最后吐丝成茧，破茧化蛾。传说五千多年前，黄帝的妻子嫘祖注意到了桑蚕，抽丝剥茧，利用蚕丝织造出了

◀家蚕是从栖息于桑树上的野蚕驯化而来的，只吃桑叶。
选自(清)马元驭《桑葚蚕蛾》

丝绸。

丝绸堪称古代最奢华的纺织面料，飘逸，柔滑，富有悬垂感，远远超过亚麻、苎麻、棉纱等织品。在世界各地，丝绸都引起王公贵族的惊叹，据说埃及艳后克娄巴特拉就穿上了丝织长袍。古希腊人和罗马人，把遥远的中国称为“赛里斯”，意思是“丝国”，出产丝绸的国度。后来，从中国通往西方的一条漫长商道，被德国学者命名为“丝绸之路”。

男耕女织，纺织的核心就是种桑养蚕，生产蚕丝。因为蚕宝宝只吃桑叶，所以中国人在房屋周围种满了桑树，甚至种到了想象中的世界尽头。《山海经》说日出扶桑，日落若木——每天早晨，都有一个太阳从东方的扶桑树升起，越过天空，傍晚栖落在西方的若木上。扶桑，就是矗立在天边的大桑树，顶天立地，树枝上住着十个太阳，“九日居下枝，一日居上枝”。众所周知，有一次十日并出，造成天下大旱，被后羿射下了九日。

桑树貌不出众，论奇伟不如松柏，论挺拔不及巨杉，在世界各地的表现都平平无奇。只有养蚕的民族，才会把桑树抬举到如此重要的地位，成为太阳的家园。

扶桑结出的桑葚无与伦比。《海内十洲记》

▶中国农业文化的特点是农桑并举，男耕女织。女性始终是养蚕、纺织的主力。

(清)桃花坞年画《采桑织帛》

说，扶桑九千年一结果，味道绝美甘香，是神仙食物。《拾遗记》称，扶桑“万岁一实，食之，后天而老”，比天老得更慢。冷静想一想，还没等到结果，我们已经死上几十回了。

因为具有神性，沟通天地，桑林成了理想的祭祀场所。《吕氏春秋》记载，商朝初年大旱，五年没有收获，开国之君成汤亲自“祷于桑林”，大雨如约而来。桑林之间飘荡着神圣气息，人们来这里求子，生下的孩子不少成为圣贤。《春秋元命苞》说，姜嫄在桑林踩了一个巨人的脚印而怀孕，生下后稷，他长大后教民耕种，被尊为谷神。商代名相伊尹、鲁国的圣人孔丘，都是在桑林诞生的。

人生在世，最基本的需求只有两项，吃穿而已。《孟子》说，百亩之田，种好庄稼，一家数口就不会挨饿；五亩之宅，种上桑树，五十岁的人就穿得起丝绸衣服；养好猪狗鸡羊，七十岁的人就有肉吃。老百姓不饥不寒，国泰民安，就是天下大治。历代统治者都听过孟子的教诲，常常劝民农桑。按照古礼，每年正月皇帝亲自耕田，皇后亲自养蚕，作为天下的表率。这种仪式还传达一个信息，农桑为立国之本，劳动光荣。

《诗经》收录了不少女子采桑的诗篇，这时的桑林，已经变成了男女约会的浪漫场所，例如有

●**《吕氏春秋》：**又称《吕览》，是秦国丞相吕不韦集合门客编撰的一部巨著，博采先秦诸子学说，成为战国末期杂家的代表作。

▶蚕疯狂地吞食新鲜桑叶，最后会吐出柔韧的丝线，做成一个个小茧。通过抽丝剥茧，中国人织造出美丽的丝绸——古代世界最奢华的纺织品。

首《桑中》说，美丽的孟姜啊，“期我乎桑中”——约我到桑林间来。有意思的是，早期的采桑女都把劳动化成了诗，一个个姿色美丽，装扮入时。汉乐府《陌上桑》中的秦罗敷，“头上倭堕髻，耳中明月珠”，引人侧目；魏国皇弟曹植笔下的采桑女，“美女妖且闲”，披金戴银，珠宝满身，仿佛贵妇下乡体验生活。她们是些伪桑女。

直到宋代，诗人们才发现了真实的桑女蚕妇。叶茵描述说，蚕事十分辛苦，妇女们根本没空打扮，“朝暮蓬头去采桑”；郑起注意到“蚕姑只着麻衣裳”，她们贫困，穿不起自己织造的丝绸；张俞也有同样的发现：“遍身罗绮者，不是养蚕人。”现实总是令人感伤。

桑树不是最优美的树，然而是最有用的树。《唐书》记载说，李龙誉非常俭约，晚年常对子孙说：“我生性不喜欢财物，才这么贫乏，但我在京城外有皇上的赐田十顷，耕之有饭吃；有桑树若干棵，采之有衣穿。”他觉得已经为儿孙准备周全了。在古代中国人看来，再简朴的人生，也需要几棵桑树支撑。

蚕种西传的传说

中国的桑蚕技术大约公元4世纪传到中亚，6世纪传到欧洲东罗马帝国。玄奘《大唐西域记》记载了一个传说，因为东国(指中国)严禁蚕种出口，西域于阗国迎娶东国的公主时，传话要公主带点蚕种来，将来好为自己做衣服。公主把蚕卵藏在帽子里，守关的官员不敢检查她的帽子，于阗国这才开始养蚕。至于后来传到欧洲，有一种说法是两个印度僧侣把蚕卵藏在空心手杖里，从中亚的赛林达偷偷带走的。

【桃】

蔷薇科诞生了众多名花,但桃花一枝独秀,最早成为女性青春与美貌的隐喻。

美人消息问桃花

桃花有完美的女性气质,它的艳丽,它的妩媚,它的身世飘零,无不扣人心弦。有句诗说:美人消息问桃花。清曹之璜《西湖六桥桃评》比较几种常见花卉,说莲花宜暑,趋炎附势,仿佛乞士;菊花宜霜,炫耀节操,过于清高;梅花宜雪,忍饥耐寒,宛如苦行僧;桃花则不然,当春而发,不靠芬芳诱人,也耻于同花王竞艳,贤者乐之,圣人也喜欢。总之，桃花是一种天真率性、雅俗共赏的花卉。

桃花在春天开放，一树树红花绿叶，千娇百媚，仿佛洋溢着生命活力的少女。《诗经·桃夭》盛赞："桃之夭夭，灼灼其华。"夭夭，形容桃树枝叶繁茂；灼灼，形容桃华（花）明艳灿烂。桃花落尽之后，结子满枝，果实大而甜美。这是一首送嫁歌，祝福像桃花一样美艳的新娘，出嫁后幸福美满。姚际恒《诗经通论》说："桃花色最艳，故以取喻女子，开千古辞赋咏美人之祖。"

桃是蔷薇科桃属植物，原产于我国西北地区，至少有3000年的栽培史。蔷薇科包括了很多著名的温带水果，如梨、桃、杏、李、梅等，花卉也

◀红颜薄命，桃花盛开的时间十分短暂，让人感伤。(清)费丹旭《金陵十二美：林黛玉葬花》，1850年前

▶桃花艳丽、娇媚,具有完美的女性气质。
选自(清)郎世宁《仙萼长春册》“桃花”

十分美丽。但我们回到《诗经》时代,却惊讶地发现:玫瑰还没有名字,不知躲在哪里;没人注意到杏花,要等到南北朝之后,杏花才遇到知音;李花倒是常见,雪白而淡雅,往往成为桃花的陪衬;梅树很多,但人们只关心梅子,没人理会细碎的梅花。在蔷薇科的花丛中,桃花一枝独秀,最早成为女性青春与美貌的隐喻。

“南国有佳人，容华若桃李。”曹植深情地咏叹。艳若桃花，成为许多女性的审美理想。隋唐宫女流行“桃花面”和“桃花妆”，宋代《佳人歌》描述女子的妆扮：“淡匀粉，浅画眉，鬓边羞插桃花枝。”历代文人也情有独钟，例如王羲之有妾桃叶，韩愈有妾绛桃，寇准有妾倩桃……这些被命名为“桃”的女子，无不透露出一种优美的桃花气质，色艺出众，一到春天就双眼迷离，感伤不已。唐代诗人刘希夷云：“洛阳城东桃李花，飞来飞去落谁家？洛阳女儿好颜色，坐见落花长叹息。”春天来了，桃红李白；春天转眼又去了，桃花如雨，落红满地，不堪惆怅。那些在风中飘飞的花骨朵，与女儿流逝的韶华有什么两样？

▲陶渊明创造的“桃花源”，影响超越了国界。
(朝鲜)金中植《桃源问津》，20世纪初

桃花盛开的时间十分仓促，又称短命花，桃花般的女子也分享了美丽与哀愁。在孔尚任的戏剧《桃花扇》中，复社文人侯方域

▶(日)京西艾森《武陵桃花源》,约1830-1836年

爱上了秦淮名妓李香君,赠送诗扇定情,夸她"青溪尽是辛夷树,不及东风桃李花"。为了抗拒权贵逼婚,李香君撞头明志,血溅诗扇。杨龙友把扇上的血迹点染成桃花,李香君感叹道:"咳!桃花命薄,扇底飘零。多谢杨老爷替奴写照了。"另一位与桃花同病相怜的才女是林黛玉。《红楼梦》写黛玉对镜自照,"自羡压倒桃花"。然而红颜命薄,当她打扫满地的桃花,葬入一个小小花冢时,也埋葬了自己的青春。她似乎早有预知:"试看春残花渐落,便是红颜老死时。"

桃花深处,是中国文化最迷人的净土。陶渊明《桃花源记》写道:"忽逢桃花林,夹岸数百步,中无杂树,芳草鲜美,落英缤纷。"美丽得不忍凡夫俗子践踏,难怪陶渊明要封藏它的入口。明代的唐寅，那位丧失了功名的风流才子，竟真的在苏州桃花坞筑起桃花庵，在桃花丛中消磨余生。他的朋友祝允明记述说“客来便共饮，去不问”，醉了就倒下酣睡。桃花流水，美酒清歌，醉生梦死，这就是“桃花源”的现实版。唐寅《桃花庵歌》自述：“桃花坞里桃花庵，桃花庵里桃花仙。桃花仙人种桃花，又摘桃花换酒钱……但愿老死花酒间，不愿鞠躬车马前……”

这样的生活要让女人嫉妒的。南朝虞通之《妒记》记载了一个故事：阮宣院子里有株桃树，花叶灼耀，他整日徘徊树下，叹赏不已，妻子武氏大怒，叫婢女拿刀来砍树。也只有特别自负的女子，才会在一树桃花面前自惭形秽，摧折其花。

中国的蔷薇科植物

蔷薇科植物是起源于中国的植物类群之一，全世界共有124属3300种，我国有51属1000余种。蔷薇科植物主要分布于温带地区，包括了我们熟悉的许多水果，例如苹果、梨、桃、李、杏、樱桃、梅、枇杷、山楂等等，除了现代栽培的苹果外，这些栽培果树都起源于中国。另外，蔷薇科植物还以观赏花卉闻名，包括了大名鼎鼎的玫瑰、月季、蔷薇、海棠、梅花和桃花。

【梅】

早期的中国人只关心梅子。梅花之美是宋人发现的，至今不过一千年。

梅花崛起

●《闲情偶寄》：明末清初戏剧家李渔的生活艺术著作，系统论述了戏曲、歌舞、服饰、修容、园林、建筑、花卉、器玩、颐养、饮食等方面的生活美学，对后世影响很大。

赏花以赏梅最辛苦，梅花先春而开，正是天寒地冻的时刻。清初戏剧家李渔《闲情偶寄》劝赏梅者一定要带上帐房，并且是特殊的帐房，三面封闭严实，前面开敞；帐房内多设炉炭，既可升温，又好暖酒；如此从容坐卧花间，才叫赏梅。另外，不要忘了带上衾枕过夜，月下的梅花别有一番风韵。

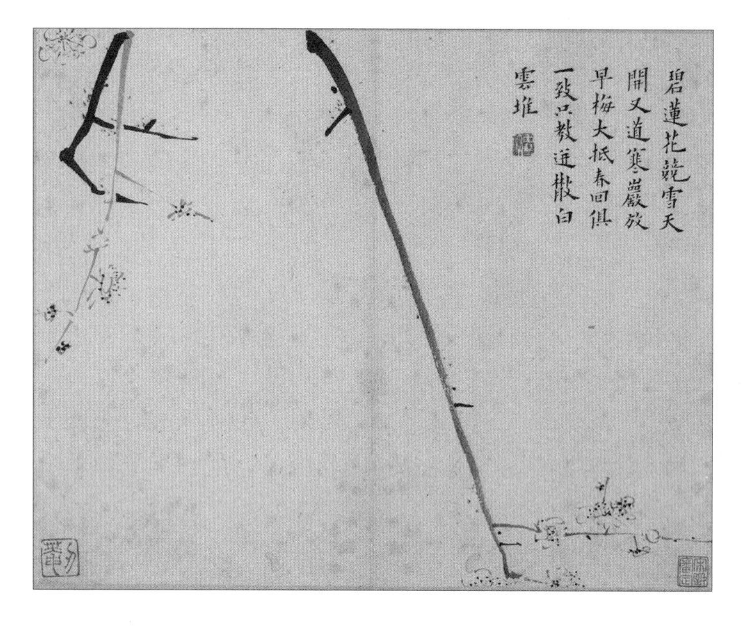

◀梅花色淡香远，风韵动人，深得宋以后文人墨客的欢心。

（清）八大山人《白梅》，1659年

这并非李渔个人的怪癖。访梅犹如访友，古人必求尽兴，但比访友麻烦，需要自备饮食和寝具。清初诗人宋琬约友人去看永兴寺的老梅，写信说即使怪风疾雨，也要“携卧具以行”。顾禄《清嘉录》描写吴县元墓赏梅盛况，说苏州人把船停靠在虎山桥畔，“袱被遨游”——用布巾卷捆着衣被游玩。可见，普通人也是带着棉被赏梅的。

梅是蔷薇科杏属植物，原产于中国。我国最早的古籍《尚书》说：“若作和羹，尔唯盐梅。”意思是制作羹汤，需要盐和梅子来调味。梅子味酸，相当于醋。学者认为，我国至少有3000年的梅树栽培史。

●梅妻鹤子：北宋诗人林逋隐居杭州孤山种梅养鹤，不仕不娶，自称以梅花为妻，以鹤为子，人称“梅妻鹤子”。他常泛舟游西湖诸寺，客来，就让童子放鹤报讯。

你可能不相信，最初的一千多年，中国人只关心梅子，压根没人留意到梅花。《诗经》里提到的梅，全是梅子；屈原最爱香花美草，却遗漏了梅花。从南北朝开始，才有极少数的诗人认为梅花颇有姿色。周必大《二老堂诗话》说，宋代有个叫陈从古的人，收集了南朝鲍照至唐末17人的梅花诗，仅得21首，其中唐代白居易最多，作了4首。

梅花之美，是宋人发现的，至今不过一千年。我们知道，唐人都去为牡丹捧场了。北宋初年，隐居在杭州西湖边的诗人林逋，独自在孤山种梅、养鹤，人称“梅妻鹤子”。他称赞梅花：“疏影横斜水清浅，暗香浮动月黄昏。”脍炙人口，成为千古

▶与花大色艳的北国佳丽牡丹不同，梅花是南国芳华，花小色雅，代表了一种更为精致细腻的美学。选自（清）金农《梅花图册》之一，1757年

名句。林逋对于梅花的狂热，开启了有宋一代的赏梅风气，欧阳修、王安石、苏轼、黄庭坚、陆游……几乎所有大诗人都喜欢上了梅花，吟诗作赋。南宋张功甫《梅品》云：“梅花为天下神奇，而诗人尤所酷好。”实际上，宋代以后的诗人才酷爱梅花。

还以诗歌为例。宋代仅陈从古一人，就写下了千首梅花诗；庐陵太守程祁与段子冲唱酬梅花，也超过了千首。据《元史》本传记载，元代诗人

以花品论，古人推绿萼梅为第一，仿佛淡妆美人，最有幽致。

◀选自（清）钱维城《绿萼梅》

◀选自（清）钱维城《红梅》

▲踏雪寻梅是文人雅事,很多画家都表现过这一主题。
(清)顾洛《踏雪寻梅图》

欧阳玄日成梅花诗百首。清代湘军名将彭玉麟因为恋人叫“梅姑”,他一生作了150多首梅花诗,还画梅出名,“狂写梅花十万枝”。有了一大批这样的“铁粉”,梅花才在百花丛中脱颖而出,艳压群芳。南宋诗人范成大晚年退居石湖,自种梅花12种,写下了我国第一本梅花专著《范村梅谱》,其序云:“梅,天下尤物,无问智愚、贤不肖,莫敢有异议。”此时,梅花已经俨然花中至尊了。

现代作家周瘦鹃说:“以花品论,自该推绿梅为第一,古人称之为萼绿梅。绿萼青枝,花瓣也做淡绿色,好像淡妆美人,亭立月明中,最有幽致。”周瘦鹃的家里,似乎梅花才是真正的主人,有寒香阁,有梅屋,有梅丘,更有许多的梅树和盆梅。他还跑去邓尉看梅。

邓尉在苏州市吴中区光福镇太湖边上的一个半岛。明清时期,居民皆以种梅为业,花开时节,香雪数十里,错杂红英绿萼,幽香袭人。诗人吴伟业称,苏州地区的习俗,“岁于山中探梅信,倾城出游”。清人金恭记述说:“入邓尉山,看红梅绿萼,十步一坐，坐浮一大白（指饮酒），花香枝影，迎送数十里，虽文君邀饮，玉环奉盏，其乐不过是也。”在他看来，梅花的魅力，不亚于绝代佳人卓文君和杨贵妃邀饮劝酒。就连康熙帝和乾隆帝南巡，都忍不住诱惑，多次前往邓尉访梅。

牡丹与梅花，代表了两种截然不同的美学：牡丹是北国佳丽，花大色艳，光芒四射，备受皇室贵族宠爱；梅花是南国芳华，色雅香远，风韵动人，深得文人墨客欢心。宋代以后，中国的经济中心和文化中心南移，江南士大夫的审美观占了上风，梅花因此崛起，主导了我们民族近千年的文化心理。

如今提到梅树，你可能不再流口水，想到的并非梅子，而是凌寒盛开的梅花。与《诗经》时代的中国人相比，我们已经改变了很多。

我国国花之争

梅花是中国特产，也是最受大众喜爱的花卉，历代咏梅诗最多。人们喜欢梅花，主要有两大理由：一是先春而放，管领百花；二是冷艳幽香，美丽高雅。前些年有杂志倡议评选国花，梅花的呼声最高，但来自牡丹的声音也不容小觑，二者争执不下。考虑到南北差异，部分学者提出了一个妥协的方案，我国不妨采取“双国花”制，把梅花和牡丹都定为国花。

【玫瑰】

在中国，玫瑰是寒门贫女。借助另一种文化的园艺、眼睛和鼻子，我们才感受到它的艳丽和芬芳。

寂寞名花

有人说，如果没有玫瑰花，世界将为之失色，情人们如何表达爱情呢？这当然是夸大其词。中国人曾经长期无视玫瑰，年轻男女互赠芍药、红豆或香囊，也一样恋爱结婚。所谓玫瑰象征爱情，乃是天大的一个误会：古罗马人热爱的玫瑰，其实是蔷薇；今天年轻人送女友的玫瑰，其实是现代月季。在西方，蔷薇、月季和玫瑰共用一个单词

▶1867年，法国园艺师通过杂交培育出一种名叫“法兰西”的杂种香水月季，标志着现代月季的诞生。如今花店里卖的鲜切花“玫瑰”，基本上都是现代月季。
(法)德西雷·布瓦《杂种香水月季“法兰西”》，1896年

“rose”，翻译家偷懒，把它们统统译成“玫瑰”，造成中文的混乱。

中国是月季和玫瑰的原产地。据记载，1789年，有4个中国月季品种传入欧洲，1796年玫瑰最早从日本传入欧洲。法国的园艺师们用中国月季与欧洲本土蔷薇杂交，1867年培育出现代月季“法兰西”。从此，现代月季一统天下，并且以“玫瑰”之名重返中国，主宰了鲜切花市场。那真正的玫瑰花，多用于提取精油，变成了名贵而优雅的玫瑰香水。

玫瑰不像花名，它的“王(玉)”字偏旁表明和玉石有关。汉司马相如《子虚赋》曰：“其石则赤玉

玫瑰。”可见玫瑰最早是一种宝石。东晋《西京杂记》提到了一种名叫玫瑰的植物:“乐游苑自生玫瑰树。”这句话没头没脑,也不知与后来的玫瑰有没有关系。

到了唐代,玫瑰才引起诗人的注意。长孙佐辅诗云:“窗前好树名玫瑰,去年花落今年开。”徐寅注意到玫瑰姿色艳丽,名字很特别:“秾艳尽怜胜彩绘,嘉名谁赠作玫瑰?”宋代诗人杨万里的观察最仔细,在《红玫瑰》中写道:“非关月季姓名同,不与蔷薇谱牒通。”我们今天知道,玫瑰、月季和蔷薇同为蔷薇属植物,花叶相似,但各有特点。这三种姐妹花,蔷薇勉强称得上名花;月季又称

▼罗马帝国皇帝埃拉加巴卢斯是位昏君,传说在一次宴会上,他让人从天花板上倾泻下无数的玫瑰花瓣,致使几位宾客窒息而死。实际上,罗马人说的“玫瑰”,应该是蔷薇。
(英)劳伦斯·阿尔玛-塔德玛《埃拉加巴卢斯的玫瑰》,1888年

月月红，四时不绝，也不为世人所重。

民间俗称玫瑰为离娘草，因为这种花没心没肺，分栽后倒出落得特别茂盛。明代江浙地区曾经广种玫瑰，用来窨(xūn)制花茶，制作糕点。姚可成《食物本草》说，玫瑰到处都有，江南尤多，“色若胭脂，香同兰麝”，是点茶佳品。王世懋(mào)《花疏》称，玫瑰“色媚而香”，可食可佩。王象晋《群芳谱》说，玫瑰又名徘徊花，细叶多刺，有香有色，可以入茶、入药和入蜜。人们种植玫瑰，并非观赏，而是图利。

有人统计说，吟咏玫瑰花的诗歌，《全唐诗》出现了30多次，《全宋诗》26次，清《佩文斋咏物诗选》9处。要知道，同属蔷薇科的名门闺秀桃花

◀在清代植物学家吴其濬的著作里，月季和玫瑰是两种不同的植物，绘制的插图相当准确。
选自(清)吴其濬《植物名实图考》

玫瑰、蔷薇和月季

在中文里，玫瑰、蔷薇和月季是蔷薇属三种不同的植物，但是在英文和法文里，蔷薇属植物都使用同一个单词“rose”。把“rose”翻译为哪一种中文植物，往往取决于翻译家的个人喜好。例如英国作家王尔德的同一个经典童话，林徽因1923年翻译为《夜莺与玫瑰》，巴金1946年翻译为《夜莺与蔷薇》，如果有人译为《夜莺与月季》也未尝不可。所以我们要留神，翻译作品里出现的“玫瑰”，很可能是蔷薇或月季。

▲蒋廷锡是清廷高官，也是著名花鸟画家，他的画风受到郎世宁等西画家的影响，既传神又写实。

(清)蒋廷锡《玫瑰》

或梅花，都有成千上万首情诗压在箱底；比较起来，玫瑰堪称寒门贫女，这么一点儿嫁妆让人心酸。回顾历史，玫瑰的最大遗憾是没有遇到知音，缺乏一位著名文人力捧，犹如陶渊明之于菊花、林逋之于梅花、周敦颐之于莲花。

中国人的花卉美学，最高境界是清雅，以梅兰竹菊为代表；其次是华贵，所以牡丹称王。袁宏道《瓶史》称："牡丹以玫瑰、蔷薇、木香为嫔(pín)。"意思是，玫瑰只配充当牡丹的侍妾。张翊《花经》品评众花，牡丹为最高的"一品九命"，玫瑰则沦为低级的"七品三命"，算是一个小跟班。

玫瑰芬芳馥郁，与花容相比，其花香让人更为难忘。明代名医卢和说："玫瑰花食之，芳香甘美，令人神爽。"画家文震亨挺欣赏玫瑰花香，他在《长物志》中指出，玫瑰花多刺，花色微俗，宜制作食品，不大适合簪花或佩戴。明人沉迷于各种香料，有蔷薇香水，奇怪的是没人制作玫瑰香水。周嘉胄《香乘》巨细无遗，荟萃古代香品香事千余条，我查了一下，只有两三处提到玫瑰。我觉得，没有人真正意识到玫瑰花香的价值。

想一想你就会惊异，玫瑰(月季也一样)在中国人眼皮底下待了数千年，没人崇拜它们的美，迷恋它们的香。直到漂洋过海，远离故土，它们才找到知音，被欧洲的园艺师精雕细琢，点石成金。借助另一种文化的园艺、眼睛和鼻子，我们才感受到玫瑰(或月季)的艳丽和芬芳。每种文化都有自己的盲点。世界比我们的视野更大，更精彩。还有许多玫瑰没有自己的名字呢。

●《长物志》：明代画家文震亨的著作。长物，指多余之物。本书实际上是古代名士精致生活美学的百科全书，涉及衣食住行、花木蔬果、书画收藏等方面。

【牡丹】

牡丹花大色艳，绚烂已极，仿佛美人披金戴银。宋代理学家周敦颐说：“牡丹，花之富贵者也。”

唐人富贵花

“多买胭脂画牡丹。”晚清苏州画家林杏春的办法是，每画一朵牡丹，索银币一枚，出半枚者就只画半朵。牡丹不比兰花，寥寥几笔就写出一种凄清的境界；它花大色艳，需要烘托、铺排和渲染，才能显出雍容华贵。好的牡丹图真的是银子铺出来的。近代画家胡石予只画梅花，说：“胭脂买得须珍重，不画唐人富贵花。”

牡丹的鼎盛时代是唐朝。很奇怪，虽然各地都有牡丹野生种，但是贱如荆棘，除了根皮入药，树枝往往被人砍去当柴烧。唐人段成式认为，隋朝没有栽培牡丹。按舒元舆《牡丹赋》记载，武则天觉得上林苑空虚，命人从老家山西移来牡丹，从此洛阳、长安才有了牡丹花。唐人留下了204首牡丹诗，初唐近百年空白，全作于盛唐之后。牡丹，似乎是为大唐盛世而诞生的一种观赏花卉。

唐人与我们不同。他们血气方刚、强健、单纯、自信，没有空坐下来体会幽微的东西。他们欣赏极致、巅峰的美。宫中兴庆池沉香亭的牡丹花开了，唐明皇和杨贵妃前往观赏，让音乐家李龟年领了一大帮梨园弟子鼓吹助兴。明皇说："赏名

◀画面描绘了唐代贵族妇女赏花游园的情景，她们的发髻上插着各种鲜花，其中最右侧妇女头簪牡丹花，手执拂子，正在逗弄一只小狗。
(唐)周昉《簪花仕女图卷》

花，对妃子，焉能用旧乐词？”当即宣来宿醉未醒的大诗人李白，写下新词《清平调三章》。“名花倾国两相欢，常得君王带笑看。”佳人、名花、美酒、爱情、音乐、诗歌，这是中国历史上最华美的一个场景。

唐人追求圆满和完美，喜欢锦上添花，才不在乎月圆则缺，花开则落。“国色朝酣酒，天香夜染衣。”时人评定李正封这句诗为牡丹诗之冠，“国色天香”因此成为牡丹的别称。刘禹锡诗：“唯有牡丹真国色，花开时节动京城。”宰相裴度病倒在床上，让人抬到花园，此时牡丹未开，他怅然叹道：“我不见此花而死，可悲也！”第二天早晨，报牡丹一丛先开，他和牡丹一起盘桓了三天，心满意足死去。死

唐宫兴庆池沉香亭的牡丹花开了，唐玄宗和杨贵妃前往观赏，当即宣来音乐家李龟年、诗人李白助兴。佳人、名花、美酒、爱情、音乐、诗歌，这是中国历史上最华美的一个场景。

亡竟会因为一丛牡丹的在场失去分量！

唐代早期只有白牡丹，后来才逐渐培育出浅红、深紫牡丹。花瓣重叠、花色艳丽的紫牡丹、红牡丹最受欢迎，价格也非常昂贵。白居易说，一丛深色牡丹，抵得上十户普通人家缴纳的赋税；诗人王建甚至称："王侯家为牡丹贫。"

中唐以后，牡丹逐渐普及。长安、洛阳的名园大都栽培有珍奇牡丹，花开之时，园主邀客宴赏，吟诗作赋。李肇《国史补》说，京城贵游子弟崇尚牡丹三十多年，每到春暮，车马若狂，以游玩不尽兴为耻。很多寺院也种有牡丹，争奇斗艳，供普通民众欣赏。慈恩寺的紫牡丹最有名，一旦花开，游客蜂拥而来。唐人对于牡丹的激情，后人难以想象。徐凝诗云："三条九陌花时节，

▲牡丹花饱满、绚烂，是北宋以前中国美学精神的象征。(北宋)徐崇嗣《牡丹蝴蝶图》

万户千车看牡丹。”白居易说:“花开花落二十日,一城之人皆若狂。”

牡丹热一直延续到北宋。欧阳修《洛阳牡丹记》称洛阳牡丹“今为天下第一”,并出现了姚黄、魏紫等名品。南宋迁都临安(今杭州),牡丹不适应江南水土,梅花与兰花才有机会异军突起。从某种程度上说,牡丹是唐宋国力强盛、文采风流的历史见证。

洛阳至今仍是牡丹之都。那一年,我去的时候正值清明,只在温室里见到了几种牡丹,赵

▲明清也有不少画牡丹的名家,例如仿徐崇嗣风格的恽寿平,但缺乏那种俗艳和酣畅的感觉,画面比较雅致、清冷。(清)恽寿平《牡丹》

粉、胡红、金葛、粉二乔——这些姓氏与色彩搭配的名字真有韵味！外面的露天园地，枝头才生出红嫩的新芽，像一双双合拢的婴儿小掌。人人都说：你应该四月中旬的牡丹节来，那时候有姚黄、魏紫，还有成千上万的牡丹花海。我觉得，整座洛阳城似乎都屏住了呼吸，都在为一年一度的节日默默积蓄力量，等待最后一刻焰火般绽放。

从后人的眼光看，唐人的趣味是低的。牡丹不懂含蓄，绚烂已极，仿佛美人披金戴银；牡丹不讲谦逊，大红大紫，飞扬跋扈。宋代理学家周敦颐说：“牡丹，花之富贵者也。”崇拜牡丹仿佛崇拜财富与权力，正常，却有点庸俗。南宋以后，中国人的眼中有了暮色，感受力更加敏锐，也更具智慧，宁愿在清雅的梅兰竹菊身上发现意趣。明人说：“花看半开，酒饮微醺。”多么高雅的审美力！只是失去了唐人那种率真、博大的气象。

牡丹与芍药

宋人评花，以牡丹为第一，芍药第二；又称牡丹为花王，芍药为花相。其实牡丹与芍药的花型、叶片非常相似，同属于芍药科芍药属，并且最早统称芍药。二者的最大区别是，牡丹为木本，芍药为草本，所以牡丹又被称为木芍药。唐代以后，牡丹栽培大盛，才从芍药中独立出来。但是在英语和其他欧洲语言中，牡丹和芍药仍然是同一个单词。

【木棉】

夜深人静时，听着木棉花朵嘭嘭坠落地上，让人心疼。

浓须大面好英雄

厦门的自然景观缺乏季节感，四季常绿，鲜花不断，让人身心俱疲。昨天开车经过仙岳路，猛然发现路边木棉树空落落的枝丫间，点缀着星星点点的红花，像是亮起了一盏盏小红灯，心想春天真的来了。接着暗笑自己不争气，春节过了好多天，还要依靠物候感受季节的变迁。

在这座城市里，木棉树是罕见的指标性树

◀木棉树的花、果、棉絮和种子。(英)伊丽莎白·特宁,1868年

种,遵循天象过着四季生活:初春开花,并且是先花后叶,花朵十分醒目,待到新叶簇拥老花,地上已是落红无数;初夏蒴(shuò)果成熟后裂开,青枝绿叶间,挂着一团团雪白的棉絮,随风飘散;入秋之后,树叶由青翠转为浓绿,又逐渐褪色,微微泛黄,略带萧瑟的意味;深冬黄叶飘零,只剩下铜

枝铁干，仿佛劫后余生，一无所有，但枝头之上，悄然酝酿着春天的花苞……

木棉树又名攀枝花，热带植物，原产于南亚印度，我国华南和西南地区广泛分布。魁伟挺拔的木棉树，往往高达二三十米，不论站在哪里，都有鹤立鸡群之势。树干底部生着密密的尖刺，让野孩子望而却步，只能抬头仰望。清人陈恭尹《木棉花歌》赞道："浓须大面好英雄，壮气高冠何落落。"木棉树又称英雄树，的确有崇高的英雄气概。

木棉花火红色，五瓣，饱满硕大，每朵直径可达10厘米，重达50克，像是一个大酒杯。广东诗

▶红艳、硕大的木棉花，掷地有声，经常砸到行人头上，吓人一跳。

选自印度绘画《木棉花》，19世纪

人屈大均说“花绝大，可为鸟窠”，红翠、桐花凤之类的小鸟常以木棉花为家。夜深人静时，听着花朵嘭嘭坠落地上，让人心疼。有一次在福州陈衍故居门前，我被一朵花砸到脑门，眼冒金星。原来院子里有株大木棉，红花满树，不时坠落一朵。落花时，木棉花的姿势不变，旋转着，笔直跌落在地，发出沉重的声响。

开花时节的木棉树极其招摇，枝干上无遮无挡，挂满红花，如火如荼，染红了天空，仿佛壮丽的珊瑚树，又如燃烧的火把。看到木棉花，你会相信，南国也有壮烈情怀。屈大均咏道：“十丈珊瑚是木棉，花开红比朝霞鲜。天南树树皆烽火，不及攀枝花可怜。”近代广东诗人张维屏《木棉》词曰：“烈烈轰轰，堂堂正正，花中有此豪杰。一声铜鼓催开，千树珊瑚齐列……似尉佗，英魄难消，喷出此花如血。”尉佗是秦朝南海尉，后臣服汉室，被汉高祖封为南越王，为开发岭南做出了巨大贡献。《西京杂记》记

◀木棉是高大乔木，先花后叶，殷红的花朵十分醒目，又被称为英雄树、烽火树，象征着南国的壮烈情怀。
（民国）陈树人《岭南春色》，1945

载，尉佗曾向汉廷进贡烽火树，据说就是木棉树。典故运用得十分妥帖。

木棉之名，得之于其蒴果中含有棉絮。洁白如丝的棉絮中间，藏有小小的种子，风一吹，棉絮就四散飘飞，宛如五月飞雪。但棉絮不像雪花，就地融化，结果满城败絮，还有不少人因此皮肤过敏，广州、汕头、高雄、厦门等地的居民纷纷投诉木棉花絮扰民。木棉虽然是广州的市花，也被迫控制“丁口”，官方承诺减少种植的数量；厦门的办法是“截顶”，把木棉树的高度控制在九米左右，伟丈夫变成了侏儒。

木棉花用处不大，广州人偶尔会拾去煲汤；木棉花絮呢？不能织布，厦门人会捡来填充垫褥和枕头。很多古籍都提到了木棉纺织，例如南宋方勺《泊宅篇》云：“闽广多种木棉，纺织为布，名曰吉贝。”那又是怎么回事呢？

原来，此木棉并非彼木棉。我国最早只有蚕产的丝绵，所以“绵”字的偏旁为丝；后来有了草木之绵，南宋于是出现木字偏旁的“棉”字。古典文献里的“木棉”一词，曾经指称过三种截然不同的植物——木棉科木棉（乔木）、锦葵科树棉（灌木）和锦葵科草棉（草本），非常混乱。只要谈到木棉纺织，指的就是锦葵科的树棉或草棉，与木棉科木棉树无关。

木棉花空自美丽，无关民生。台湾诗人丘逢甲因此批评木棉：“绝无衣被苍生用，空负遮天作异红。”丘逢甲的功利心，或许会被广东才子宋湘哂(shěn)笑。后者写过一首《木棉花》，声称：“要对此花须壮士，即谈风绪亦佳人。”遗憾的是，世间可堪对语的壮士佳人何等寥落，木棉花之美，普通人未必消受得起。等到初夏，不解人事的棉絮，不知又会引来几多投诉？

木棉的棉絮织布

历史上被称为木棉的植物有三种：木棉科木棉、锦葵科树棉和锦葵科草棉。草棉即今天广泛种植的棉花，属于草本植物。锦葵科树棉从越南传入，古称吉贝，是两三米高的小灌木，人们种植后收棉絮织布，所以宋人谢枋得说：“木棉收千树，八口不忧贫。”木棉科木棉树又名攀枝花，是高大乔木，棉絮不能织布。《广州植物志》称：木棉的棉絮“乏韧性，无弹力，不合于纺织用，只可供垫褥、枕头的填充物”。

【凤凰木】

凤凰花开，整座城市都被它的光辉照亮。我相信，如果有天堂，一定也是以凤凰木为行道树的。

天堂行道树

厦门的很多植物都来自海外，市花三角梅的原产地在南美巴西，市树凤凰木的老家在非洲马达加斯加。据说，1986年票选市树时，凤凰木仅以微弱多数胜出相思树。即使相思树也非本地物种，原产菲律宾，别名台湾相思。

凤凰木，又称火树、红花楹，为豆科凤凰木属乔木，热带树种，初夏开红花。有人认为，凤凰木早在16世纪就传入澳门，清代植物学家吴其濬在《植物名实图考》(1848)中有记载。我查找该书，原文为："凤凰花，树叶似槐，生于澳门之凤凰山，开黄花，终年不歇……今园林多种之。"旁边附有精细的线描图像。我觉得，书中描述的树叶、花色都不对，图像也差异甚大，应该是同名异物。有人说，吴其濬描述的这种凤凰花，其实是豆科决明属植物黄槐，很有道理。

郭沫若先生1959年曾出版一本名为《百花齐放》的诗集，其中《凤凰花》开篇写道："我们是大乔木，原名本叫攀霞拿，种在澳门凤凰山上，故名凤凰花。"诗人亦认为，凤凰木最早由葡萄牙人引种到澳门。澳门的凤凰山仍在，改名为白鸽巢山，也有三五株凤凰木，但数百年前引种的古树已经不存。另据记载，我国台湾于1897年引入凤凰木。

厦门的凤凰木引种于20世纪20年代。民国《厦门市志》载："(凤凰木)民国初，厦门始有。"新编《厦门市志》说：1926年至1933年间，"公园南、东、西路开始种植凤凰木100多株"。令人惋惜的是，这些早期种植的行道树难觅踪影。现在厦门岛上十多条主干道上的凤凰木，均植于20世纪70年代以后。

▶郭沫若曾经出版一本诗集《百花齐放》，吟咏100种花，诗歌乏善可陈，但书中的木刻插图相当出色。

黄永玉插图《凤凰花》，1959年

凤凰木是艳丽的南国芳华。如果说身材高大、躯干笔直、花朵红硕的木棉树象征了热带植物的阳刚气质，那么，腰肢袅娜、叶形优雅、花卉绚丽的凤凰木则代表了南国植物的阴柔之美。难得看到一排整齐的凤凰木，它们自由散漫惯了，身姿婀娜，枝丫竞相旁逸斜出，形成平展而宽阔的树冠，像一片片云朵。凤凰木的叶子为二回羽

凤凰木腰肢袅娜、叶形优雅、花卉红艳，每年花开时节，整座城市都沉浸在它的光辉里，绚烂如锦。

状复叶，像蕨类植物一样对称排列，宽大而又秀丽，随风摇曳。

在厦门，树龄6年以上的凤凰木就能够开花结果，花期5~8月，花色鲜红或橙红；果实11~12月成熟，但一直挂在树上。冬天，落叶后的凤凰木空荡荡的，树枝间剩着许多黑乎乎的长形荚

▲热情似火的红花楹。
(荷)胡拉·范·诺腾《凤凰花》,1863年

▲忧郁如歌的蓝花楹。
(英)约瑟夫·帕克斯顿《蓝花楹》,1850年

果,像废弃已久的刀鞘。这是凤凰木一年中最惨淡的时刻。

每年夏初,凤凰花开,整座城市都被它的光辉照亮。凤凰花很大,五瓣,顶生或腋生,往往密集于树冠上部。远远望去,碧绿的树冠上飘浮着一层层红云,浓艳欲滴。也只有凤凰这个华丽的名字,才足以表达那种绚烂已极的感觉。许多花卉的美细致幽雅,如兰花梅花,需要我们静下心来细细品味;凤凰花不同,它们天真烂漫,簪花而立,只用一种最鲜艳的色彩——火红,只用最简单的方式——繁复,就让我们血脉偾张,被深深感染或震撼。

有一年凤凰花开的时候，我的一位同事说："看着这么美的花，就觉得人生很有意义。"原来，自然界一种花卉的热烈绽放，也会如此扣人心弦。我相信，如果有天堂，一定也是以凤凰木为行道树的。

凤凰木又称红花楹，我突然想起蓝花楹。当年在福州南台岛上读书的时候，非常喜爱福建师大附中附近几排高大的蓝花楹。蓝花楹也是二回羽状复叶，夏初开花，模样与凤凰木相似，唯花色为蓝紫。查了一下资料，才知道二者并非姐妹，血缘地缘都很远。蓝花楹为紫葳科蓝花楹属，原产地巴西。我的记忆里，蓝花楹花开之时，树上树下，笼罩着梦幻般的淡紫色云雾，清冷迷离，具有一种沉思和忧郁的美感。

蓝花楹是红花楹的镜像或负片，它们对称，互补，彼此打量。也许，植物生命的每一种美，都能够抵达人类情感的一重境界，赋予我们更深刻的情感体验。不知为什么，在厦门难得看到蓝花楹。我想，一个选择了红花楹为市树的城市，也需要种些蓝花楹，让城市的色彩和情感空间更加宽阔。

凤凰木的花与叶

凤凰木是热带、亚热带植物，红花绿叶，十分绚丽。在原产地热带非洲，凤凰木先花后叶，花期很长；引种到海南岛南部，花期明显缩短，有花叶同时出现的现象；在亚热带厦门，先叶后花，红绿辉映；福州的凤凰木有叶无花，或者开少花，观赏性很弱。纬度再北，凤凰木难以成活，但是少数气候孤岛（如四川干热河谷攀枝花市）例外。

后记

公元474年，南朝作家江淹被贬为建安吴兴（今福建浦城）县令。当时的福建山深林密，人烟稀少。他感到万念俱灰，说："生人之乐，久已尽矣，所爱两株树、十茎草之间耳。"幸好人生还有草木值得热爱。他写下了《闽中草木颂十五首》，盛赞樟树、棕榈、杉木、杨梅、山桃、木莲、石菖蒲、薯蓣、杜若、藿香等15种闽地植物。

江淹是闽中草木之美的最早发现者，但他待在闽北，描述的是福建中亚热带气候的植物。我就是在这种自然环境中长大的，村前村后，到处都有樟树、棕榈和杉林，夏天就上山采野杨梅。

中年我移居闽南，这里属于南亚热带气候，生长着榕树、木棉、凤凰木、荔枝、龙眼、香蕉、木瓜、红树林等奇树异果——它们在我老家都难以成活。闽北与闽南，直线距离不过两三百公里，山川草木迥异。

我为《中国国家地理》杂志撰稿十年，行走各地，见过不少极端环境下生存的物种，也见过人们种在房前屋后的栽培作物。有一次，为了追随中国春天的脚步，我从海口出发，一路北上，穿过30个纬度抵达黑龙江省的漠河。另一次,为了描述中国的秋日景观,我从黄河的源头动身,沿着北纬35度线东行,到达东海之滨的连云港。在季节的变换中,我看到山川、土地、草木与人民,变成了水乳交融的生活方式。所谓中国人,就是对毛竹、杉林、桃花、梅树、桑园、古榕、菊丛天然充满亲情的人。我们可以用植物来定义族群。

每种植物都有自己的性格、命运和传奇。我有意选择了最常见的一些草木,讲述它们与中国人的故事,它们如何被我们的文明看见、认识、欣赏和利用。我相信,阅读之后,你会发现天下没有“平常”的草木,正如天下没有“平常”的人。

十步之内,必有芳草。那些把植物当成亲友的人是幸福的,人生多了许多慰藉。本书篇目多来自我的著作《文化生灵——中国文化视野中的生物》(百花文艺出版社,2001年),但我进行了大幅度的改写,甚至完全重写,以适合青少年读者阅读。感谢插画师和平面设计师,让本书图文互见,充满趣味。

萧春雷

2022年3月28日于翔安